紧邻既有工程软土地层项目创新研究

项目创新研究

——以上海环卫大楼为例

汤永净　著

同济大学 出版社
TONGJI UNIVERSITY PRESS

·上海·

内 容 提 要

本书基于紧邻既有工程软土地层项目创新研究,以上海市南外滩环卫大楼新建项目为例,首先阐述了建在软土地层上的紧邻既有工程项目的概况、建造难点解析和主要建造关键技术等内容。本书的创新点突破了施工支护优选与设计优化,从有限元数值仿真模拟、桥墩结构变形控制保护与监测、地下管线监测等方面对多项技术展开探究,实现在不影响既有工程使用功能的情况下,建造环卫大楼;并对既有工程最小扰动的创新技术进行了总结,突出紧邻既有工程的地下空间施工技术创新实践。

本书读者对象为土木工程、水电安装工程、智能化建造以及相关专业的工程技术人员、科研人员、教师、本科生和研究生,也可供相关项目及类似项目的工程管理人员借鉴。

图书在版编目(CIP)数据

紧邻既有工程软土地层项目创新研究:以上海环卫大楼为例 / 汤永净著. -- 上海:同济大学出版社,2024.12. -- ISBN 978-7-5765-1434-6

Ⅰ. TU46

中国国家版本馆 CIP 数据核字第 2024655MH4 号

紧邻既有工程软土地层项目创新研究
——以上海环卫大楼为例
汤永净 著

责任编辑	马继兰	**责任校对**	徐春莲	**封面设计**	于思源

出版发行　同济大学出版社　　　www.tongjipress.com.cn
　　　　　(地址:上海市四平路 1239 号　邮编:200092　电话:021-65985622)
经　　销　全国各地新华书店
制　　作　南京月叶图文制作有限公司
印　　刷　苏州市古得堡数码印刷有限公司
开　　本　700 mm×1000 mm　1/16
印　　张　10.75
字　　数　165 000
版　　次　2024 年 12 月第 1 版
印　　次　2024 年 12 月第 1 次印刷
书　　号　ISBN 978-7-5765-1434-6

定　　价　68.00 元

前　言

在城市化进程不断加快的背景下，上海市南外滩环卫大楼新建项目应运而生。该工程位于黄浦江畔，是上海市重点建设项目之一。项目施工包含深基坑开挖、地下连续墙施工、异形结构施工及预制异形混凝土外墙板施工等多项复杂工艺。在施工过程中，项目团队面临江滩土质较差、基坑深度大、紧邻南浦大桥和地铁4号线等问题的多重挑战。通过科学的施工组织和技术创新，项目建设团队克服了这些困难，确保了项目的顺利推进。

本书详细记录了南外滩环卫大楼新建工程从规划设计到施工完成的全过程，旨在分享项目的成功经验和技术创新要点，以供同行业者参考和借鉴。我们将深入探讨项目的各个阶段，包括项目的策划、设计、施工和验收等环节，以及我们在这些环节中遇到的挑战和解决方案。

本书详细介绍了项目的设计理念，包括如何将环保理念融入建筑设计中，如何利用现代科技提高建筑的能源效率，以及如何通过精心设计使建筑与周围环境和谐共存。我们还将分享在施工过程中的经验和教训，包括如何有效管理施工现场、如何确保施工质量，以及如何通过科学的施工方法提高施工效率。

此外，本书还探讨并阐述了项目的社会影响，包括项目对周边社区的影响，项目对城市发展的贡献，以及项目对环保事业的推动。希望通过分享项目施工的经验和教训，能够为同行业者提供有价值的参考，也希望能够激发更多的人关注并参与城市建设和环保事业。

本书的数据和资料来自设计、施工和检测单位，经过多方许可，公布于众。全书共 6 章内容,由同济大学汤永净教授统筹,李航博士(东莞松山湖高新技术产业开发区)和樊冬冬博士整理,同济大学建筑设计院(集团)有限公司崔勇工程师修改了文中部分插图,孙赫与刘海素同学绘制了第 6 章插图。在此,对同济大学建筑设计院(集团)有限公司的基坑工程设计师姜文辉和崔勇、上海建工四建集团有限公司的现场工程师李孟禛、代甲方上海新黄浦(集团)有限责任公司项目经理马骏的全力支持表示衷心感谢,同时感谢同济大学建筑设计院(集团)有限公司教授级高工赵昕和同济大学袁聚云教授对本书的指导。

本书的出版还得到国家自然科学基金项目的资助(项目编号:52078373)。书中疏漏在所难免,希望广大读者批评指正!

汤永净

2024 年 6 月 26 日

目　录

前言

1 绪论 ·· 1

  1.1 工程概况 ··· 1

  1.2 基坑围护方案 ····································· 3

    1.2.1 基坑北侧环境 ······················· 6

    1.2.2 基坑西侧环境 ······················· 7

    1.2.3 基坑东南侧环境 ··················· 7

    1.2.4 基坑东侧环境 ······················· 7

    1.2.5 南浦大桥紧邻环卫大楼的结构部件 ······ 8

  1.3 工程地质情况 ····································· 9

    1.3.1 拟建场地地质情况 ··············· 9

    1.3.2 地下水 ································· 12

  1.4 数值模拟与基坑设计 ························· 13

    1.4.1 数值模拟 ····························· 13

    1.4.2 基坑设计 ····························· 13

  1.5 基坑施工与测试内容 ························· 14

    1.5.1 基坑施工 ····························· 14

    1.5.2 测试原则 ····························· 14

    1.5.3 测试等级 ····························· 15

    1.5.4 测试内容 ····························· 16

  1.6 研究内容与研究方法 ························· 17

    1.6.1 研究内容 ····························· 17

    1.6.2 环卫大楼创新研究主要内容 ······ 18

1.7 现场施工组织 ································· 18

2 数值模拟分析 ································· 20

  2.1 数值模拟软件介绍 ··························· 20

  2.2 本构模型选取及参数敏感性分析 ··············· 21

    2.2.1 本构模型选取 ······················· 22

    2.2.2 小应变硬化土模型的参数敏感性分析 ······· 25

  2.3 隔离桩在紧邻桥梁结构的基坑开挖中效用分析 ····· 28

    2.3.1 隔离桩加固机理分析 ··················· 29

    2.3.2 隔离桩与桥梁结构间距对其加固效果的影响 ··· 32

    2.3.3 隔离桩桩长对其加固效果的影响 ··········· 35

    2.3.4 隔离桩刚度对其加固效果的影响 ··········· 38

  2.4 埋入式隔离桩对紧邻基坑开挖桥梁结构加固效果的影响 ···· 40

    2.4.1 埋入式隔离桩加固机理分析 ············· 40

    2.4.2 等长度埋入式隔离桩的埋设深度对其加固效果的影响 ···· 41

    2.4.3 桩顶埋设深度对埋入式隔离桩加固效果的影响 ······· 43

  2.5 裙边加固在紧邻基坑开挖的桥梁结构保护中的应用 ···· 45

    2.5.1 基坑底裙边加固对紧邻基坑开挖的桥梁结构的保护机理 ··· 46

    2.5.2 加固深度对紧邻桥梁结构保护效果的影响 ····· 49

    2.5.3 加固宽度对紧邻桥梁结构保护效果的影响 ····· 51

    2.5.4 加固体位置对紧邻桥梁结构保护效果的影响 ···· 52

    2.5.5 加固体刚度对紧邻桥梁结构保护效果的影响 ···· 54

  2.6 小结 ····································· 55

3 南浦大桥桥墩保护 ··························· 57

  3.1 桥墩及桥桩结构布置 ······················· 57

    3.1.1 紧邻南浦大桥桥墩概况及加固措施 ········· 58

    3.1.2 南浦大桥引桥安全影响因素分析 ··········· 59

  3.2 桥墩保护范围及方案比选 ··················· 60

    3.2.1 数值模型基本假定 ···················· 61

    3.2.2 数值模型参数 ······················· 61

3.2.3　基坑开挖引起的基坑本体及紧邻桥桩的响应 ……… 64

3.2.4　加固方案对基坑及紧邻桥桩的影响 ……………… 72

3.3　桥墩保护施工控制技术 ……………………………………… 78

3.3.1　隔离桩埋入式布置 ………………………………… 79

3.3.2　裙边加固区域调整 ………………………………… 82

3.3.3　组合加固方案的优化 ……………………………… 85

4　基坑围护设计 …………………………………………………… 88

4.1　设计依据 …………………………………………………… 88

4.1.1　相关规范及规程 …………………………………… 88

4.1.2　其他相关资料 ……………………………………… 89

4.2　基坑设计方案 ……………………………………………… 89

4.2.1　基坑设计控制标准及支护方案 …………………… 89

4.2.2　降水专项设计 ……………………………………… 90

4.2.3　施工技术要求 ……………………………………… 91

4.2.4　现场监测内容及要求 ……………………………… 94

4.2.5　现场应急措施 ……………………………………… 94

4.3　基坑周边环境安全性评估 ………………………………… 94

4.3.1　基坑北侧环境安全性评估 ………………………… 94

4.3.2　基坑西侧环境安全性评估 ………………………… 96

4.3.3　基坑东侧环境安全性评估 ………………………… 97

4.4　基坑设计计算 ……………………………………………… 97

4.4.1　基坑剖面验算 ……………………………………… 98

4.4.2　支撑体系计算 ……………………………………… 105

4.4.3　降水计算 …………………………………………… 112

5　工程施工重点和难点 …………………………………………… 114

5.1　工程进度控制 ……………………………………………… 114

5.2　隔离桩和地下连续墙施工 ………………………………… 116

5.2.1　隔离桩施工 ………………………………………… 116

　　　　5.2.2　地下连续墙 ‥‥‥‥‥‥‥‥‥‥‥‥‥‥ 121

　　5.3　裙边加固 ‥‥‥‥‥‥‥‥‥‥‥‥‥‥‥‥‥ 129

　　　　5.3.1　裙边加固基本信息 ‥‥‥‥‥‥‥‥‥‥‥ 129

　　　　5.3.2　施工参数及施工顺序 ‥‥‥‥‥‥‥‥‥‥ 130

　　5.4　施工降水 ‥‥‥‥‥‥‥‥‥‥‥‥‥‥‥‥‥ 131

　　　　5.4.1　基坑稳定性分析 ‥‥‥‥‥‥‥‥‥‥‥‥ 131

　　　　5.4.2　降水工程目的 ‥‥‥‥‥‥‥‥‥‥‥‥‥ 132

　　　　5.4.3　降水组织 ‥‥‥‥‥‥‥‥‥‥‥‥‥‥‥ 132

　　　　5.4.4　回灌井 ‥‥‥‥‥‥‥‥‥‥‥‥‥‥‥‥ 133

　　5.5　土方开挖 ‥‥‥‥‥‥‥‥‥‥‥‥‥‥‥‥‥ 135

6　基坑开挖监测 ‥‥‥‥‥‥‥‥‥‥‥‥‥‥‥‥‥‥ 137

　　6.1　变形监测 ‥‥‥‥‥‥‥‥‥‥‥‥‥‥‥‥‥ 140

　　　　6.1.1　地表沉降 ‥‥‥‥‥‥‥‥‥‥‥‥‥‥‥ 140

　　　　6.1.2　深层土体位移 ‥‥‥‥‥‥‥‥‥‥‥‥‥ 143

　　　　6.1.3　墙体测斜 ‥‥‥‥‥‥‥‥‥‥‥‥‥‥‥ 146

　　6.2　支撑轴力监测 ‥‥‥‥‥‥‥‥‥‥‥‥‥‥‥ 150

　　6.3　地下水位监测 ‥‥‥‥‥‥‥‥‥‥‥‥‥‥‥ 152

　　6.4　地下管线监测 ‥‥‥‥‥‥‥‥‥‥‥‥‥‥‥ 155

　　6.5　监测数据总体分析与小结 ‥‥‥‥‥‥‥‥‥‥ 159

　　　　6.5.1　地表沉降 ‥‥‥‥‥‥‥‥‥‥‥‥‥‥‥ 159

　　　　6.5.2　桥墩位移 ‥‥‥‥‥‥‥‥‥‥‥‥‥‥‥ 160

　　　　6.5.3　地下连续墙水平位移 ‥‥‥‥‥‥‥‥‥‥ 160

关键词索引 ‥‥‥‥‥‥‥‥‥‥‥‥‥‥‥‥‥‥‥‥‥ 161

参考文献 ‥‥‥‥‥‥‥‥‥‥‥‥‥‥‥‥‥‥‥‥‥‥ 162

后记 ‥‥‥‥‥‥‥‥‥‥‥‥‥‥‥‥‥‥‥‥‥‥‥‥‥ 164

1 绪 论

1.1 工程概况

上海市南外滩环卫大楼新建项目(以下简称"环卫大楼")位于黄浦区中山南路1157号,东至油车码头街和市交通运输管理处办公楼,南侧紧邻南浦大桥浦西引桥段,北至中山南路,占地面积为3631 m²。该项目主要作为大型粪便中转车辆及各类型环卫车辆、市政车辆作业及停放场地。地下部分共有两层,主要为车库、设备及工具间等。地上部分共五层,一层为车库出入口、环卫大车对接场地、市政污水处理用房、公厕;二层为车库、中控室、辅助用房及设备用房;三层为车库、变电所、卫生间及设备用房;四层为车库、预留设备用房、卫生间;五层为车库、预留设备用房、网络通信机房、更衣室、卫生间等。环卫大楼设计使用年限和设计基准期均为50年,安全等级为二级,抗震设防烈度为7度。总建筑面积为17672.68 m²,其中地上建筑面积为12670.38 m²,地下建筑面积为5002.3 m²,总高为23.95 m。基础采用筏板+桩基形式,地上为钢筋混凝土框架结构。基坑面积约2760 m²,外围周长约214 m,基坑基本开挖深度约11 m。环卫大楼及周边环境示意如图1.1所示。

基坑西北侧开挖边线距离南浦大桥分引桥桥墩26.7 m,距离地铁4号线隧道结构外边线约32 m,地下设有多条市政管线,考虑到对该侧的分引桥桥墩及地铁隧道保护,该侧基坑工程环境保护等级为一级。基坑东侧开挖边线距离油车码头街道路红线约7 m。环卫大楼基坑总平面及周边工程示意如图1.2所示。

基坑南侧紧邻南浦大桥浦西引桥段,靠近桥墩W10及W11。基坑开挖

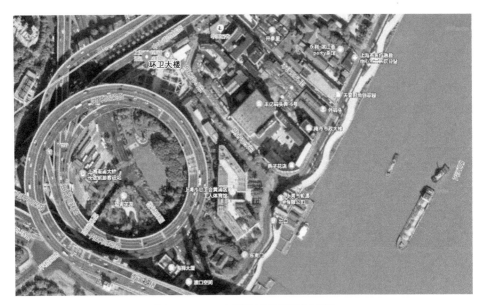

图 1.1 环卫大楼及周边环境示意图

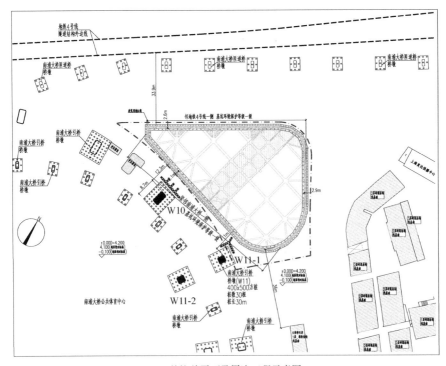

（a）基坑总平面及周边工程示意图

（b）环卫大楼建设前基坑周边环境示意图

（从左到右分别为北侧中山南路、南侧南浦大桥匝道、东侧上海市出租车汽车管理处、东侧油车码头街）

图 1.2 基坑总平面及周边环境示意图

边线距离桥墩 W10 最近约为 12.3 m，距离桥墩 W11（其下为 W11-1、W11-2 桥桩及承台）距离约为 11.0 m。考虑到南浦大桥的重要性，应加强对大桥桥墩及其基础的保护，因此该侧基坑工程环境保护等级为一级。

基坑北侧开挖边线距离用地红线约 2.6 m，距离中山南路约 15.5 m。基坑开挖边线距离地铁 4 号线隧道外边线约 32 m，地铁 4 号线上行隧道埋深约 11.14 m，下行隧道埋深约 20.9 m，隧道直径为 7.0 m。基坑开挖边线距离南浦大桥匝道桥桥墩约 26.7 m，桥墩承台采用预制桩（400 mm×500 mm 方桩），基础埋深为 3.1 m，桩长 29.5 m。该侧还存在天然气、供水、供电等市政管线。基坑南侧开挖边线距离南侧立体停车库（2 层框架结构，浅基础）36 m，位于基坑 3 倍开挖深度以外；基坑东侧开挖边线距离用地红线约 2.9 m。基坑开挖边线距离东侧已有建筑（建筑层数 2 层，砌体结构，天然基础）约 21 m，该侧地下有市政雨水管线。东侧靠近上海市道路运输管理局一栋 7 层混凝土结构多层建筑。基坑西侧紧邻南浦大桥浦西引桥段，靠近桥墩 W10 及 W11。桥桩承台 W10 埋深为 4.0 m，桥桩采用截面为 400 mm×500 mm 的方桩，桩长 32 m；桥桩承台 W11 埋深为 3.3 m，桥桩采用 400 mm×500 mm 方桩，桩长 30 m。

项目拟建场地西南侧为现有南浦大桥匝道，匝道基础距基坑最近约 11 m；北侧为中山南路，其下有地铁 4 号线区间隧道，距基坑边线最近约 32 m；东侧为规划的油车码头街。拟建项目场地周边环境较为复杂。

1.2 基坑围护方案

项目建筑地下设两层地下室，地上建筑为五层框架结构（图 1.3）。现场自然

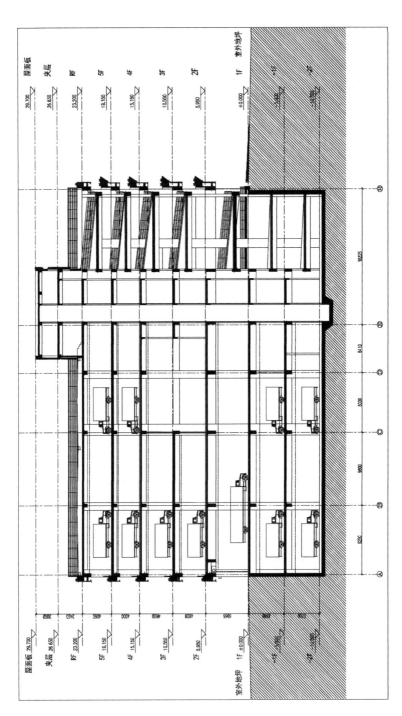

图 1.3 环卫大楼剖面示意图

地面的绝对标高为 4.1 m。基坑开挖前,场地 3 倍开挖范围内场地标高需平整至 4.1 m。基坑开挖深度约 11 m,集水井处局部落深为 1.2 m。基坑安全等级为二级。基坑设计使用年限为 2 年。

结合基坑本身特点、周边环境以及上部主体情况,基坑围护采取如下方案:

（1）基坑北侧采用 800 mm 厚地下连续墙＋两道混凝土支撑,坑内采用三轴搅拌桩裙边加固。

（2）基坑西侧采用 1 000 mm 厚地下连续墙＋两道混凝土支撑,坑内采用三轴搅拌桩裙边加固。

（3）基坑东侧采用 800 mm 厚地下连续墙＋两道混凝土支撑,坑内采用三轴搅拌桩墩式加固。图 1.4 为环卫大楼基坑围护结构示意图。

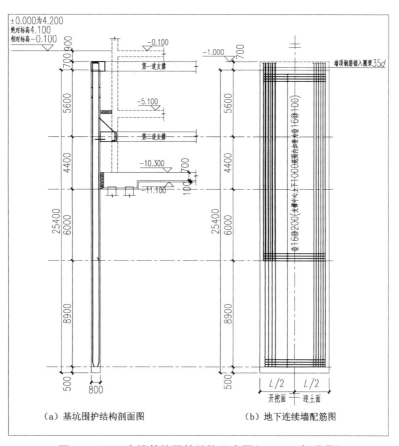

（a）基坑围护结构剖面图　　（b）地下连续墙配筋图

图 1.4　环卫大楼基坑围护结构示意图（800 mm 标准段）

1.2.1 基坑北侧环境

基坑周边建筑繁杂,北侧环境保护等级为一级,道路下埋设有多条市政管线(表 1.1)。中山南路与油车码头街转角处为上海市道路运输管理局大楼,此大楼位于场地内,开工前需被拆除。沿中山南路辅路为现有环卫系统与再生能源系统网两网融合回收站,此建筑位于场地内,开工前需被拆除(图 1.5)。

表 1.1 环卫大楼基坑北侧道路下埋设管线信息表

管线用途	管线材料	埋深/m	距离基坑开挖边线/m
天然气	铸铁	1.20	11.6
天然气	铸铁	1.61	13.2
路灯	铜	0.56	14.4
污水	钢	3.24	16.3
供电	0 孔/1*	1.22	17.6

*:0 孔/1 为供电线材料表示方法。

(a) 工地北侧中山南路　　　　(b) 上海市道路运输管理局大楼

(c) 现有两网融合回收站

图 1.5 环卫大楼基坑北侧环境

1.2.2 基坑西侧环境

基坑西侧环境保护等级为一级,基坑西侧的开挖边线距离用地红线约 2.1 m。该侧道路下同样埋设有供电市政管线,管线材性为 1 孔/3,埋深为 0.54 m,距离基坑开挖边线约 21.0 m。此处有一个箱式变电站及南浦大桥浦西 3 号变电站(图 1.6)。

(a) 现有箱式变电站 (b) 南浦大桥浦西 3 号变电站

图 1.6 环卫大楼基坑西侧环境

1.2.3 基坑东南侧环境

基坑东南侧环境保护等级为二级,基坑开挖边线距离用地红线约 6.5 m。基坑开挖边线距离南侧立体停车库(2 层,框架结构,浅基础)36 m,位于基坑 3 倍开挖深度以外。

1.2.4 基坑东侧环境

基坑东侧环境保护等级为二级,基坑开挖边线距离用地红线约 2.9 m,距离油车码头街约 7 m。基坑开挖边线东侧道路下同样埋设有混凝土雨水管线,埋深为 1.59 m,距离基坑开挖边线约 18.0 m。基坑开挖边线距离东侧已有建筑(建筑层数 2 层、砌体结构、天然基础)约 21 m,根据现场踏勘,此处房屋似已动迁完成但未拆除(图 1.7)。

图 1.7 环卫大楼基坑东侧环境

1.2.5 南浦大桥紧邻环卫大楼的结构部件

南浦大桥始建于 1988 年,于 1991 年 11 月 19 日竣工,1991 年 12 月 1 日通车运营。紧邻环卫大楼西侧的 W10 和 W11 桥墩下的桥桩及承台布置示意如图 1.8 所示。

W10 桥桩承台埋深约 4.0 m,承台高 3.5 m,基础工程桩采用 56 根预制桩(400 mm×500 mm 方桩),长 32 m;W11-1 桥桩承台埋深约 3.3 m,承台高 2.8 m,基础工程桩采用 30 根预制桩(400 mm×500 mm 方桩),长 30 m。

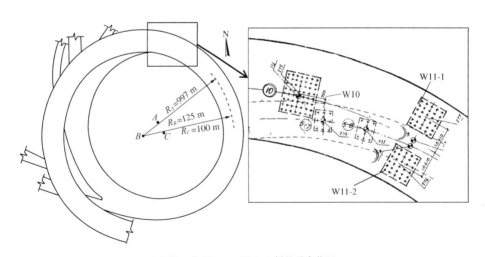

(a) W10 和 W11-1、W11-2 桥桩承台位置

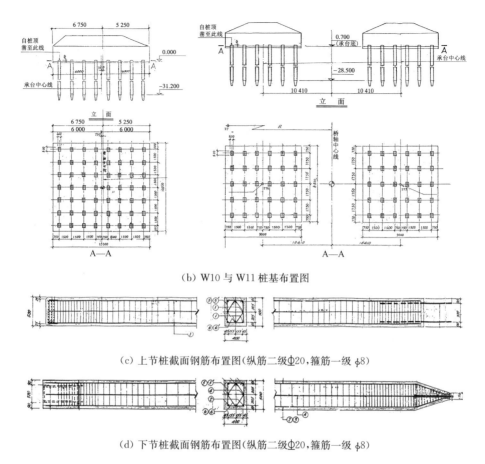

（b）W10 与 W11 桩基布置图

（c）上节桩截面钢筋布置图（纵筋二级Φ20，箍筋一级 φ8）

（d）下节桩截面钢筋布置图（纵筋二级Φ20，箍筋一级 φ8）

图 1.8　W10 和 W11 桥桩及承台布置示意

1.3　工程地质情况

1.3.1　拟建场地地质情况

　　环卫大楼拟建场地所采集的地质勘察信息来自勘察设计研究院《2019-G-055 南外滩环卫大楼新建项目岩土工程勘察报告》，拟建场地属滨海平原地貌类型，位于正常地层和古河道地层交界区，主要由黏性土、粉性土和砂土构成，成层分布，分布稳定，地基土具体分布及物理力学性质参数如表 1.2 所示。

表1.2　环卫大楼地基土物理力学性质参数表

土层	厚度/m	重度 γ/(kN·m^{-3})	孔隙比 e	黏聚力 c/kPa	内摩擦角 φ/(°)	压缩模量 E_{s1-2}/MPa
①1 填土	3.5	18.1	—	5	10	3.79
①3 江滩土	9.8	18.4	0.914	5	31.0	7.58
④ 淤泥质黏土	4	16.9	1.390	14	11.5	2.43
⑤1 黏土	6.7	18.0	1.032	17	13.5	3.56
⑤3 粉质黏土	9.5	18.5	0.901	17	19.5	4.97
⑦1 砂质粉土	3.5	18.8	0.819	3	31.0	10.47
⑦2-1 细砂	12	19.4	0.703	0	33.0	13.99
⑦2-2 粉砂	10	19.4	0.700	1	33.5	14.11
⑨ 粉砂	11	19.8	0.637	0	33.0	14.71

本场地位于正常地层分布区,在所揭露深度85.23 m范围内的地基土属第四纪晚更新世及全新世沉积物,主要由黏性土、粉性土和砂土组成,分布较稳定,一般具有成层分布的特点(图1.9)。按其沉积年代、成因类型及物理力学性

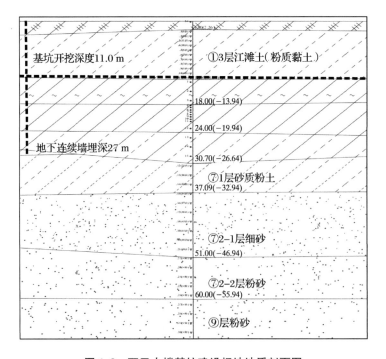

图1.9　环卫大楼基坑建设场地地质剖面图

质的差异,依据上海市工程建设规范《岩土工程勘察规范》(DGJ 08-37—2012)相关条款,可将土层划分为 6 个主要层次。根据勘探成果分析,场地地层分布主要有以下特点。

(1) 第①1 层为杂填土,表层普遍分布有 0.4~0.8 m 厚水泥地坪,其下以建筑垃圾为主,下部以黏性土为主,夹植物根茎、腐殖物及细小杂质。杂填土厚度一般为 1.80~3.80 m,平均厚度为 3.03 m,土质松散不均匀。本工程场地内遍布。第①3 层江滩土(粉质黏土),属近代黄浦江河漫滩沉积土层,该层土含云母、有机质、腐殖物等,局部夹多量黏性土,土质不均匀。层顶标高为 -0.33~ -2.33 m,厚度一般为 8.40~11.20 m,平均为 10.06 m。静探 P_s 平均值为 1.48 MPa,标准贯入试验击数平均值为 5.8 击,呈松散状态,中等压缩性。基坑开挖时应注意该层土有可能产生流砂和管涌等不良现象。工程场地内遍布。

(2) 第④层为灰色淤泥质黏土,含云母、有机质,夹少量薄层粉砂,土质软弱。层顶标高为 -7.86~ -10.50 m,厚度一般为 2.30~5.80 m,平均厚度为 4.57 m。静探 P_s 平均值为 0.82 MPa,呈流塑状态,高等压缩性,土质均匀。本工程场地内遍布。

(3) 第⑤层根据土性差异可划分为⑤1、⑤3、⑤4 共三个亚层:第⑤1 层为灰色黏土,含云母、有机质,夹少量钙质结核、半腐殖质、贝壳碎屑,夹少量薄层粉性土,层底以粉质黏土为主,土质较均匀。层顶标高为 -12.80~ -14.80 m,厚度一般为 5.00~8.20 m,平均土层厚为 6.45 m。其静探 P_s 平均值为 1.24 MPa,呈软塑状态,高等压缩性。本工程场地内遍布。第⑤3 层为灰色粉质黏土,含云母、有机质,夹薄层粉性土,土质不均匀。层顶标高为 -19.36~ -21.56 m,厚度一般为 2.60~8.80 m,平均土层厚度为 5.13 m。其静探 P_s 平均值为 1.73 MPa,呈软塑至可塑状态,中等压缩性。古河道沉积区分布。第⑤4 层为灰绿色粉质黏土,含少量氧化铁条纹及铁锰质结核,夹薄层粉性土。层顶标高为 -27.39 m,土层厚度一般为 2.00 m,呈可塑至硬塑状态,中等压缩性。

(4) 第⑥层为灰色黏土,暗绿色粉质黏土(硬土层),含氧化铁斑点及铁锰质结核,土质较均匀。层顶标高为 -19.99~ -22.80 m,土层厚度一般为 2.40~ 4.80 m,其平均厚度为 3.23 m。静探 P_s 平均值为 3.48 MPa,呈可塑至硬塑状态,中等压缩性。正常地层分布区分布。

（5）第⑦层根据土性差异可划分为⑦1、⑦2 共两个亚层，⑦2 层又可分为两个次亚层。第⑦1 层为草黄色砂质粉土，局部夹少量薄层黏性土，夹粉砂及黏质粉土。层顶标高为 −24.47～−30.36 m，厚度一般为 3.50～8.90 m，平均土层厚度为 7.01 m。其静探 P_s 平均值为 12.79 MPa，标准贯入试验击数平均值为 30.9 击，呈密实状态，中等压缩性。本工程场地内遍布，古河道沉积区层顶埋深较深。第⑦2-1 层为草黄至灰黄色细砂，颗粒组成以云母、石英、长石为主，夹粉砂。层顶标高为 −32.06～−34.22 m，厚度一般为 10.50～14.20 m，平均厚度为 12.47 m。静探 P_s 平均值为 17.93 MPa，标准贯入试验击数平均值为 42.6 击，呈密实状态，中等至低等压缩性。本工程场地内遍布。第⑦2-2 层为灰黄至灰色粉砂，颗粒组成以云母、石英、长石为主，夹细砂。层顶标高为 −44.06～−47.37 m，土层厚度一般为 19.00～32.80 m，平均厚度为 20.66 m。静探 P_s 平均值为 22.31 MPa，标准贯入试验击数平均值大于 50.0 击，呈密实状态，中等压缩性。本工程场地内遍布。

（6）第⑨层为灰色粉砂，颗粒成分以长石、石英为主，夹薄层粉性土及细砂，土质较均匀。层顶标高为 −65.67～−66.30 m，本次勘探至 85.0 m，未揭穿。静探 P_s 平均值为 27.50 MPa，标准贯入试验击数平均值大于 50.0 击，呈密实状态，中等至低等压缩性。

1.3.2 地下水

按照地质时代、水动力条件和成因等类型，拟建项目场地勘探深度内主要地下水类型为浅部土层中的潜水及深部第⑦1 层、第⑦2-1 层、第⑦2-2 层、第⑨层中的承压水。

上海地区潜水一般分布于浅部土层中，补给来源主要有大气降水入渗及地表水径流侧向补给，其排泄方式以蒸发消耗为主。潜水位埋深随季节、气候等因素而有所变化。浅部土层中的潜水，埋深一般为 0.3～1.5 m，年平均地下水位离地表面 0.5～0.7 m，受季节、气候、地表径流等因素影响而有所波动。本次勘察测得场地内潜水水位埋深为 1.10～1.70 m，相应标高为 2.46～3.01 m。浅部土层中的潜水对本工程基础开挖、施工的影响较大。根据上海地区长期水位观测经验，承压水水头低于潜水水位，埋深呈年周期性变化，变化幅度为 3～

12 m。本工程基坑最大开挖深度约 11.0 m,第⑦1 层层顶埋深为 28.5～34.5 m,超过基坑 1.5 倍开挖深度范围,故第⑦层、⑨层承压水对本工程基坑无影响。

拟建项目场地内承压含水层主要为第⑦1、⑦2-1、⑦2-2、⑨层,上下相邻两承压含水层连通。根据上海市工程建设规范《岩土工程勘察规范》(DGJ 08-37—2012)第 12.1.3 条和第 12.1.4 条,承压水水头埋深在 3.00～12.00 m 之间。据上海地区既有工程的长期水位观测资料,微承压水赋存于晚更新统地层中的粉性土或砂土中,其水位低于潜水位,承压水水位呈年周期性变化,承压水水位埋深的变化幅度一般为 1.0～3.0 m。

本工程 2.5 倍基坑开挖深度内主要涉及第①1 层杂填土、第①3 层江滩土(粉质黏土)、第④层淤泥质黏土、第⑤1 层黏土、第⑤3 层粉质黏土层。其中,第①1 层杂填土土质松散,含较多建筑垃圾,对基坑围护较为不利;第①3 层土质松散,以粉性土为主,易产生流砂、管涌现象;第④层为淤泥质土,与第⑤1 层均为软弱黏性土层,具有较明显触变及流变特性,受扰动土体强度极易降低,第④层和第⑤1 层软弱黏性土在上部土体卸载后容易发生回弹;第⑤3 层为软塑至可塑状的粉质黏土,土质较好,对基坑围护较为有利。本工程基坑涉及地下水主要为潜水,基坑开挖时需做好地下水的控制工作。

1.4 数值模拟与基坑设计

1.4.1 数值模拟

同济大学土木工程学院地下建筑与工程系参建团队通过数值模拟对紧邻拟建项目基坑工程的南浦大桥 W10 和 W11 桥墩及其基础结构进行了二维和三维模拟详细分析,为环卫大楼建设提供了详细的技术资料。具体内容详见第 2 章和第 3 章。

1.4.2 基坑设计

为了保护南浦大桥的 W10 和 W11 桥墩,同济大学建筑设计院(集团)有限公司设计团队比选了多种保护方案,最终选择以隔离桩方式保护桥墩,其位移控制在 5 mm 范围内。具体内容详见第 4 章。

1.5 基坑施工与测试内容

1.5.1 基坑施工

基坑竖向帷幕选用地下连续墙(简称"地连墙"),紧邻南浦大桥地下连续墙,厚 1 000 mm,其余墙段厚 800 mm。基坑内采用两道钢筋混凝土桁架支撑。基坑内侧采用搅拌桩加固。

1.5.2 测试原则

在基坑开挖过程中,必须保证支护结构的稳定性,以确保基坑施工安全,从而不危及基坑周边既有建筑物和构筑物、地下管线等,确保其安全。通过监测,将监测数据与设计值作对比、分析,随时掌握土层和支护结构内力、变形的变化情况,判断上一步施工工艺和施工参数是否符合或达到预期要求,同时确定和优化下一步施工工艺、参数和施工进度,使监测成果成为施工现场工程技术和管理人员作出准确判断的依据,从而实现信息化施工;通过监测及时发现基坑施工对环境影响的发展趋势,及时反馈信息,进而有效控制施工对周边环境的影响;通过监测及时发现基坑围护的渗漏问题,提请施工单位及时、有效地采取措施加强围护工作,防止施工中发生坍塌、流砂、管涌等破坏现象;通过跟踪监测反映工程现状,为施工组织与管理有序开展提供科学依据,保障基坑始终处于安全状态。将现场监测结果反馈给设计单位,使设计团队根据现场工况发展,进一步优化设计,保障工程建设优质安全、经济合理、施工快捷。

从时空效应的理论出发,结合工程特点,在进行项目测试时遵循以下原则:

(1)基坑施工的平面影响范围以 3 倍基坑开挖深度确定,即在距基坑 33 m(基坑开挖深度以 11.0 m 计)范围内的地下管线及建(构)筑物作为本工程监测保护的对象。

(2)针对施工影响范围内的地下管线,召开地下管线协调会,根据各地下管线公司的监护要求,对地下管线开展监测工作。特别是供水和燃气管道,需进行重点监测保护。

（3）监测内容和监测点的布设，既能满足本工程设计和有关规范规程的要求，又能客观全面地反映工程施工过程中周围环境和基坑围护体系的变形。

（4）采用的监测仪器满足精度要求且在有效的检校期限内，采用方法准确、监测频率适当，符合设计和规范规程的要求，能及时准确提供数据，满足施工的要求。

（5）监测信息及时反馈给工程各方，同时在日常的施工过程中加强对各项监测数据的综合分析，找出产生原因并提出相应的对策，及时预测下一道工序的受影响程度，优化施工，切实达到信息化施工的目的。

1.5.3 测试等级

依照上海市工程建设规范《基坑工程施工监测规程》（DG/TJ 08-2001—2016）"基坑工程监测等级划分"的有关规定确定基坑及周边环境安全监测等级。

1. 基坑工程安全等级

本基坑工程开挖深度大于 7 m 但未超过 12 m，基坑工程安全等级为二级。

2. 周边环境等级

（1）基坑北侧有南浦大桥匝道桥桥墩及地铁 4 号线南浦大桥站—塘桥站区间隧道，此处周边环境保护等级为一级。

（2）基坑西侧有南浦大桥浦西引桥桥墩，此处周边环境保护等级为一级。

（3）基坑东南侧及东侧有部分地下管线与基坑间距在 2～3 倍开挖深度范围内，周边环境保护等级为二级。

3. 地基复杂程度

在基坑开挖 2 倍开挖深度范围内有软弱土层分布、潜水和承压水发育，地基复杂程度为中等。

4. 结语

一般根据施工现场周边环境条件及围护设计单位对基坑监测的具体要求确定拟建项目监测等级。

综上所述，环卫大楼基坑工程监测等级对应不同周边环境特点分别如下：

（1）基坑北侧及西侧基坑工程监测等级为一级。

（2）基坑东南侧及东侧基坑工程监测等级为二级。

1.5.4 测试内容

本工程设置 9 个方面的监测内容，如表 1.3 所示。

表 1.3 监测点(孔)统计表

监测项目	监测点位性质	点(孔)数/个	合计/个
周边地下管线变形	燃气管线 电力电缆 污水管线 信息管线 供水管线	17 22 11 4 5	59
周边建(构)筑物沉降变形	建筑物	20	20
基坑外地表沉降	地表沉降	7×5	35
基坑外深层土体位移(土体测斜)	土体测斜	15	15
基坑外地下潜水水位	潜水位	9	9
围护体水平位移(测斜)	测斜	16	16
围护体顶部变形	墙顶变形	16	16
支撑轴力	支撑轴力	4×16	64
支撑立柱隆沉	立柱隆沉	10	10

1. 周边地下管线变形(沉降、位移)监测

（1）中山南路侧：在燃气管线上布设 17 个监测点，编号 RQ1—RQ17；在污水管线上布设 6 个监测点，编号 WS1—WS6；在电力管线上布设 14 个监测点，编号 DL1—DL14。

（2）油车码头街侧：在污水管线上布设 5 个监测点，编号 WS7—WS11；在信息管线上布设 4 个监测点，编号 XX1—XX4；在供水管线上布设 5 个监测点，编号 SS1—SS5。

（3）南浦大桥侧：在电力管线上布设 8 个监测点，编号 DL15—DL22。

2. 周边建(构)筑物沉降变形监测

在中山南路侧及工地南侧配电站或变压器上布设 20 个监测点，编号 F1—

F20,监测周边建(构)筑物沉降变形。

3. 基坑外地表沉降监测

在围护体外侧土体内布设 7 组基坑外地表沉降监测点剖面,每个剖面有 5 个监测点,共 35 个监测点。监测点与围护外边线之间的距离分别为 5 m、10 m、15 m、25 m 及 35 m,编号 DBm—n(m 表示剖面编号、n 表示监测点顺序号)。

4. 基坑外深层土体位移(土体测斜)监测

在基坑围护体外侧土体内布设 15 个基坑外深层土体位移监测孔,深度均为 32 m,编号 TX1—TX15。

5. 基坑外地下潜水水位监测

在围护体外侧土体内布设 9 个基坑外地下潜水水位监测孔,编号 SW1—SW9。

6. 围护体水平位移(测斜)监测

在基坑围护的地下连续墙布设 16 个围护体测斜监测孔,编号 CX1—CX16。

7. 围护体顶部变形(沉降、位移)监测

在围护压顶圈梁上布设 16 个围护体顶部变形监测点,布设位置对应围护体测斜监测孔,编号 Q1—Q16。

8. 支撑轴力监测

在每道钢筋混凝土支撑上各布设 8 组支撑轴力监测点(4 点/组),上下位置对应,编号 ZLm—n(m 表示支撑道数、n 表示监测点顺序号)。

9. 支撑立柱隆沉监测

在支撑立柱上布设 10 个立柱隆沉位移监测点,编号 LZ1—LZ10。

1.6 研究内容与研究方法

1.6.1 研究内容

环卫大楼紧邻南浦大桥桥桩且场地周边环境复杂,目前针对基坑开挖对周边环境的负面影响已有较多研究,但由于近距离开挖引发桥桩-土体共同作用及桥桩-上部结构承载能力改变机制复杂,需要深化研究分析环卫大楼的基坑对紧邻桥梁结构变形及内力变化的影响规律。针对紧邻桥梁结构的基坑开挖问题,研究团队借助数值模拟、数据分析手段,研究基坑开挖对紧邻桥梁结构内力和变形响应的影响规律,研究基坑开挖对紧邻南浦大桥桥梁结构的影响情况和现有加固方案的加固效果,分析不同加固措施对紧邻基坑桥梁结构的加固效果,总结优化深大基坑紧邻桥桩复杂施工条件下的加固方案,将基坑开挖对南浦大桥桥桩的影响程度降至最低。

1.6.2　环卫大楼创新研究主要内容

环节大楼创新研究遵循以下技术路线,如图 1.10 所示。

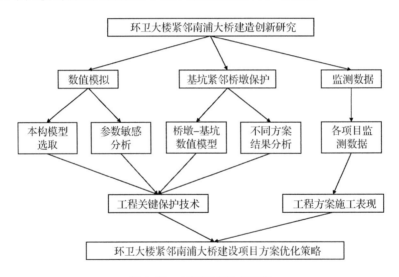

图 1.10　创新研究技术路线

1.7　现场施工组织

环卫大楼施工计划工期为 730 天,地下工程施工进度计划历时 271 天,不含 2022 年 4 月至 2022 年 6 月因疫情停工时间。工程于 2021 年 12 月开工,2023 年 1 月完成地下工程施工,主要分为 13 个工况。

工况 1:平整场地后,先施工试验桩,再施工工程桩;其中,地连墙边加固区域内的工程桩待加工完成后施工。

工况 2：部分工程桩施工完成后,开始三轴搅拌桩槽壁加固施工。

工况 3：三轴搅拌桩槽壁加固结构达到一定强度后,施工地连墙及坑内加固;待裙边加固完成一部分后,该范围内的工程桩开始施工。

工况 4：第一层土方降水开挖,支撑位置抽槽开挖。

工况 5：第一道混凝土支撑施工完毕,第二层土方降水开始。

工况 6：第二层土方开挖施工。

工况 7：第二道支撑施工,第三层土方降水施工。

工况 8：第三层土方开挖。

工况 9：底板混凝土浇筑及地板换撑施工。

工况 10：底板混凝土及换撑强度达到 80% 后,拆除第二道支撑。

工况 11：地下二层结构及中楼板换撑板带施工。

工况 12：地下二层混凝土及换撑强度达到 80% 后,拆除第一道支撑。

工况 13：地下一层结构施工。

2 数值模拟分析

2.1 数值模拟软件介绍

PLAXIS 2D/3D 程序是由荷兰 PLAXIS B. V. 公司推出的一系列功能强大的通用岩土有限元计算软件,已被广泛应用于各种复杂岩土工程项目的有限元分析中,如大型基坑与周边环境相互影响、盾构隧道施工与周边既有建筑物相互作用、大型桩筏基础(桥桩基础)与紧邻基坑的相互影响、板桩码头应力变形分析、库水位骤升骤降对坝体稳定性的影响、软土地基固结排水分析、基坑降水渗流分析及完全流固耦合(Fluid-Structure Interaction,FSI)分析、建筑物自由振动及地震荷载作用下的动力分析、边坡开挖及加固后稳定性分析等。基于 PLAXIS 的基坑紧邻桩基础建筑物相互影响分析如图 2.1 所示。

PLAXIS 系列程序以其专业、高效、强大、稳定等特点得到世界各地岩土工程专业人员的广泛认可,日渐成为其日常工作中不可或缺的数值分析工具。尤其在欧洲各国、新加坡、马来西亚、中国香港等地应用广泛,PALXIS 2D 甚至用于常规的二维设计计算中。PLAXIS 软件应用领域广泛,在国内其应用者涵盖了铁路、电力、石化、建筑、航务、冶金等行业的设计院、高校、科研院所及某些施工企业。

PLAXIS 3D 是岩土工程针对变形和稳定问题的三维分析有限元软件包,具有处理岩土工程中的结构和建造过程中各种复杂特性功能,其核心分析程序在理论上是可靠的,经受了国际学术界和工程界长期的验证和考核。PLAXIS 3D 中复杂的土体和结构可以被定义为两种不同的模式,分别是土体模型和结构模型,独立的实体模型可以自动进行分割和网格划分。施工顺序模式可以对

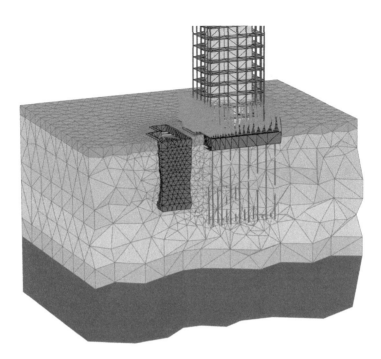

图 2.1 基于 PLAXIS 的基坑紧邻桩基础建筑物相互影响分析

施工过程和开挖过程进行真实模拟,通过激活或非激活土体簇(cluster)、结构对象、荷载、水位表等来实现。输出包括全套的可视化工具,以检查全三维地下土-结构模型的复杂内部结构细节。PLAXIS 3D 是一个用户友好的三维岩土工程软件,提供了灵活协同的几何建模、对施工过程进行的真实模拟、强大可靠且稳定的分析内核、全面细致的后处理功能,使其成为工程师岩土工程日常分析与设计完整解决方案的"助手"。

2.2 本构模型选取及参数敏感性分析

土的力学特性非常复杂,具有非线性、弹塑性、剪胀性、各向异性和流变性等,同时应力水平、应力路径、应力历史以及土的状态等都对土的力学性质有显著影响,很难用单一的本构关系来准确描述岩土的力学行为。前人根据土体的屈服条件、流动法则、硬化规律等特点提出了不同的土体本构模型。因此在岩土有限元分析中,选取合理的本构关系对计算结果的准确性十分关键。在进行环卫大楼具体方案设计之前,研究团队采用数值模拟方法对环卫大楼施工进行了相应模拟分析。值得一提的是,此时环卫大楼场地及周边影响并未有相应地质勘查资料,因而采用紧邻南浦大桥地质勘查报告中土体的有关参数进行预先模拟。

2.2.1 本构模型选取

环卫大楼拟建数值模型采用小应变硬化土模型(Hardening Soil model with Small-strain Stiffness, HSS),它是在硬化土(Hardening Soil, HS)模型基础上考虑了土体的小应变刚度特性,尤其适用于敏感环境下的基坑工程数值分析计算。硬化土模型能够很好地反映土体剪切硬化和体积硬化特点,但未考虑土体在小应变状态下的力学特性,假设土体在卸载再加载时是弹性体,但实际上土体刚度为完全弹性的应变范围十分狭小。在实际岩土工程中,施工区域周边总是有些属于小应变的区域,且距离施工区域越远,小应变区域就越大。常见岩土问题的应变范围如图2.2所示,土体的刚度随应变的增加而快速衰减,土体在小应变阶段的刚度远大于较大应变阶段的刚度。若不考虑小应变,对于施工区域周边及较远区域的土层刚度估计过低,则在计算分析中易出现影响范围过大、变形过大等不符合工程实际的情况。在基坑或开挖类工程中,若不考虑小应变,则会低估围护结构施工后的沉降,高估较远区域的沉降和影响范围。

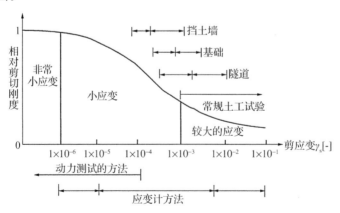

图2.2 常见岩土问题的应变范围

试验数据证明,小应变状态下,土体的应力-应变关系可用简单的双曲线来拟合,小应变情况下刚度与剪切应变的关系可表述为式(2.1),式中引用了小应变参考初始模量 G_0 及割线剪切模量衰减到初始剪切模量 70% 时所对应的剪应变 $\gamma_{0.7}$。

$$\frac{G}{G_0} = \frac{1}{1 + a \left| \dfrac{\gamma}{\gamma_{0.7}} \right|} \tag{2.1}$$

基于土体硬化模型的特点,小应变硬化土模型的刚度矩阵会根据土体在变形过程中的应变幅值来判断土体的状态是否处于小应变,根据不同的应变状态从而再依据相应的幂指数关系来计算其中不同应力状态的刚度,进而继续求解出土体内部各个点的变形。

表 2.1 给出了小应变硬化土模型的主要参数及其物理意义。

小应变硬化土模型中的参数包括 11 个土体硬化模型的参数及 2 个小应变参数。其中,K_0、m、ν_{ur}、p^{ref} 和 ψ 可参照已有研究成果取值:模型参数中的静止侧压力系数 K_0 可由公式 $K_0 = 1 - \sin\varphi'$ 求解得出。对于黏性土,与模量应力水平相关的幂指数 m 取值范围为 $(0.5 \sim 1)$,上海地区黏性土的 m 值可取为 0.8;对于砂土和粉土,m 一般取值为 0.5。卸载再加载泊松比 ν_{ur} 一般取 0.2。参考应力 p^{ref} 取 100 kPa。对于砂土,若有效内摩擦角 $\varphi' > 30°$,剪胀角 ψ 取 $(\varphi' - 30°)$;若 $\varphi' < 30°$,剪胀角 ψ 取 $0°$;对于黏土,剪胀角 ψ 取 $0°$。

表 2.1　小应变硬化土模型的主要参数及其物理意义

参数符号	参数物理意义	参数符号	参数物理意义
c'	有效黏聚力	R_f	破坏比
φ'	有效内摩擦角	m	与模量应力水平相关的幂指数
ψ	剪胀角	p^{ref}	参考应力
E_{50}^{ref*}	三轴排水剪切试验的参考割线模量	K_0	正常固结条件下的静止侧压力系数
E_{oed}^{ref}	固结试验中的参考切线模量	G_0^{ref}	参考初始剪切模量
E_{ur}^{ref}	三轴排水剪切试验的参考卸载再加载模量	$\gamma_{0.7}$	割线剪切模量衰减为 0.7 倍 G_0 时对应的剪应变
ν_{ur}	卸载再加载泊松比	—	—

有效黏聚力 c'、有效内摩擦角 φ'、割线模量 E_{50}^{ref}、切线模量 $E_{\text{oed}}^{\text{ref}}$、卸载再加载模量 $E_{\text{ur}}^{\text{ref}}$ 和破坏比 R_{f} 主要通过室内常规三轴试验和固结试验并结合工程实测数据的反演分析法来确定。在实际岩土工程领域,工程岩土勘察报告会给出 c、φ、$E_{\text{s1-2}}$(100 kPa 和 200 kPa 两级固结压力下的压缩模量)。一些学者对典型软土层开展了系列土体三轴固结排水剪切试验、三轴固结排水加载卸载再加载试验及标准固结试验,建立了 3 个模量 E_{50}^{ref}、$E_{\text{oed}}^{\text{ref}}$、$E_{\text{ur}}^{\text{ref}}$ 与压缩模量 $E_{\text{s1-2}}$ 的经验关系,并给出破坏比 R_{f} 取值建议,如表 2.2 所示。

表 2.2　小应变硬化土部分参数经验取值

土层名称		R_{f}	$E_{\text{oed}}^{\text{ref}}$	E_{50}^{ref}	$E_{\text{ur}}^{\text{ref}}$
Brinkgreve		—	0.9	—	$3\,E_{50}^{\text{ref}}$
Huang	淤泥质黏土层		—	$2E_{\text{oed}}^{\text{ref}}$	$8E_{\text{oed}}^{\text{ref}}$
	粉质黏土层		—	$2E_{\text{oed}}^{\text{ref}}$	$6E_{\text{oed}}^{\text{ref}}$
周恩平	黏性土	0.9	$E_{\text{s1-2}}$	$(1\sim2)\,E_{\text{oed}}^{\text{ref}}$	$(4\sim6)\,E_{50}^{\text{ref}}$
	砂土	0.9	$E_{\text{s1-2}}$	$E_{\text{oed}}^{\text{ref}}$	$(3\sim5)\,E_{50}^{\text{ref}}$
尹骥	上海软土	0.9	$E_{\text{s1-2}}$	$1.5\,E_{\text{oed}}^{\text{ref}}$	$7.5\,E_{\text{oed}}^{\text{ref}}$
王卫东	②黏土	0.96	$0.9\,E_{\text{s1-2}}$	$1.3\,E_{\text{oed}}^{\text{ref}}$	$4.4\,E_{50}^{\text{ref}}$
	③淤泥质粉质黏土	0.58	$0.9\,E_{\text{s1-2}}$	$1.3\,E_{\text{oed}}^{\text{ref}}$	$9.3\,E_{50}^{\text{ref}}$
	④淤泥质黏土层	0.54	$0.9\,E_{\text{s1-2}}$	$1.1\,E_{\text{oed}}^{\text{ref}}$	$7.8\,E_{50}^{\text{ref}}$
	⑤粉质黏土层	0.95	$E_{\text{s1-2}}$	$0.9\,E_{\text{oed}}^{\text{ref}}$	$4.3\,E_{50}^{\text{ref}}$
王卫东	黏性土	③④层土: 0.6; 其他: 0.9	$0.9\,E_{\text{s1-2}}$	$1.2\,E_{\text{oed}}^{\text{ref}}$	$7\,E_{\text{oed}}^{\text{ref}}$
	砂性土		$E_{\text{s1-2}}$	$E_{\text{oed}}^{\text{ref}}$	$4\,E_{\text{oed}}^{\text{ref}}$
王浩然	砂性土	—	—	$(0.7\sim1.25)\,E_{\text{oed}}^{\text{ref}}$	$(3\sim5.6)\,E_{50}^{\text{ref}}$
梁发云	②黏土	0.91	$0.63\,E_{\text{s1-2}}$	$1.2\,E_{\text{oed}}^{\text{ref}}$	$8.4\,E_{50}^{\text{ref}}$
	③淤泥质粉质黏土	0.68	$1.06\,E_{\text{s1-2}}$	$1.2\,E_{\text{oed}}^{\text{ref}}$	$11.6\,E_{50}^{\text{ref}}$
	④淤泥质黏土层	0.72	$0.85\,E_{\text{s1-2}}$	$1.08\,E_{\text{oed}}^{\text{ref}}$	$9.4\,E_{50}^{\text{ref}}$
	⑤粉质黏土层	0.89	$0.87\,E_{\text{s1-2}}$	$1.08\,E_{\text{oed}}^{\text{ref}}$	$6.7\,E_{50}^{\text{ref}}$
	⑥黏土层	0.9	$0.85\,E_{\text{s1-2}}$	$1.14\,E_{\text{oed}}^{\text{ref}}$	$7.6\,E_{50}^{\text{ref}}$
	⑦~⑨砂土层	0.9	$0.85\,E_{\text{s1-2}}$	$E_{\text{oed}}^{\text{ref}}$	$4\,E_{50}^{\text{ref}}$
张骁	苏南软土	破坏比: 粉土: 0.8~0.86 粉质黏土: 0.69~0.80 黏土: 0.72~0.91		$1.2\,E_{\text{oed}}^{\text{ref}}$	$7\,E_{\text{oed}}^{\text{ref}}$

2.2.2　小应变硬化土模型的参数敏感性分析

在进行实际工程的有限元分析时,由于土体受施工工况、应力路径、不均匀分布等因素影响,很难获取严格符合具体工程的分析参数,此时选取合理的有限元分析参数对分析结果的准确性至关重要。对于小应变硬化土本构模型而言,E_{ur}^{ref}、G_0^{ref} 与 $\gamma_{0.7}$ 等参数常通过经验公式或已有有限元分析案例选取。因此,需要明确基坑变形对上述参数的敏感影响程度,了解小应变硬化土本构模型中上述参数选取对于计算结果的影响程度,从而有益于在工程实例分析时合理、优化选取计算参数。

采用 PLAXIS 2D 构建基坑开挖平面应变有限元算例来分析参数对于基坑开挖过程中围护结构侧移、地表沉降及坑底隆起的影响程度。基坑开挖深度为 20 m,围护结构采用深 36 m 的地连墙。基坑共设有 5 道支撑,分别位于地表以下 1 m、5 m、9 m、13 m、17 m 处,如图 2.3 所示。地连墙厚 1 000 mm,基坑内支撑采用 800 mm×1 000 mm 的钢筋混凝土支撑。具体的土层参数如表 2.3 所示。选择第 2 层土作为参数敏感度分析的研究对象,假定各参数之间相互独

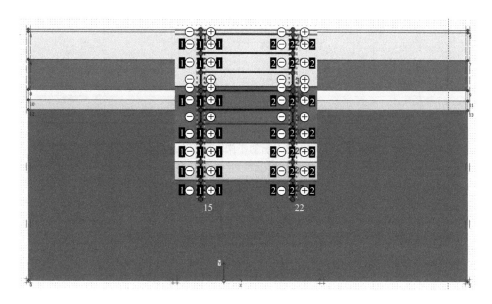

图 2.3　参数敏感度分析的基本算例示意图

立,分别考虑 E_{ur}^{ref}、G_0^{ref} 与 $\gamma_{0.7}$ 对计算分析结果的影响程度,设置的不同工况如表 2.4—表 2.6 所示,优化分析各参数对基坑变形的影响规律。

表 2.3　基本算例的土层参数取值

土层	γ /(kN·m³)	c' /kPa	φ' /(°)	ψ /(°)	m	E_{oed}^{ref} /kPa	E_{50}^{ref} /kPa	E_{ur}^{ref} /kPa	G_0^{ref} /MPa	$\gamma_{0.7}$ /($\times10^{-4}$)
①3	18	5	22	0	0.8	7 700	7 700	30 800	92 400	2.0
④	16.8	4	21.8	0	0.8	2 000	2 000	8 000	32 000	2.0
⑤1	18.2	4	30.5	0	0.8	4 140	5 175	16 560	49 680	2.0
⑥	19.7	16	34.9	4.9	0.8	6 480	8 100	25 920	77 760	2.0
⑦1	18.8	5	32	2	0.9	11 600	11 600	46 400	139 200	2.0

表 2.4　E_{ur} 敏感度分析时不同工况的土层参数取值

E_{ur}	编号	E_{oed}/kPa	E_{ur}/kPa	E_{ur}/E_{oed}	G_0/kPa	$\gamma_{0.7}$ /($\times10^{-4}$)
工况 1	A1	2 000	6 000	3	32 000	2.0
工况 2	A2	2 000	8 000	4	32 000	2.0
工况 3	A	2 000	10 000	5	32 000	2.0
工况 4	A3	2 000	12 000	6	32 000	2.0
工况 5	A4	2 000	14 000	7	32 000	2.0
工况 6	A5	2 000	16 000	8	32 000	2.0

表 2.5　G_0 敏感度分析时不同工况的土层参数取值

G_0	编号	E_{oed}/kPa	E_{ur}/kPa	G_0/kPa	G_0/E_{ur}	$\gamma_{0.7}$ /($\times10^{-4}$)
工况 1	B1	2 000	10 000	20 000	2	2.0
工况 2	B2	2 000	10 000	30 000	3	2.0
工况 3	B	2 000	10 000	40 000	4	2.0
工况 4	B3	2 000	10 000	50 000	5	2.0
工况 5	B4	2 000	10 000	60 000	6	2.0

表 2.6　$\gamma_{0.7}$ 敏感度分析时不同工况的土层参数取值

$\gamma_{0.7}$	编号	E_{oed} /kPa	E_{ur} /kPa	G_0 /kPa	$\gamma_{0.7}$ /($\times 10^{-4}$)
工况 1	C1	2 000	10 000	40 000	1.0
工况 2	C2	2 000	10 000	40 000	1.5
工况 3	C	2 000	10 000	40 000	2.0
工况 4	C3	2 000	10 000	40 000	2.5
工况 5	C4	2 000	10 000	40 000	3.0
工况 6	C5	2 000	10 000	40 000	3.5

由图 2.4—图 2.9 可见,分别改变 $E_{\text{ur}}^{\text{ref}}$、$G_0^{\text{ref}}$ 与 $\gamma_{0.7}$ 的值不影响基坑开挖过程中的地连墙侧移、坑底隆起及地表沉降的变形形态,对地连墙最大变形、地表最大沉降及坑底最大隆起的数值影响较大,大致呈线性比例关系。其中,G_0^{ref} 与 $\gamma_{0.7}$ 的改变对于计算结果影响较大,且基坑开挖导致的地表沉降和地连墙变

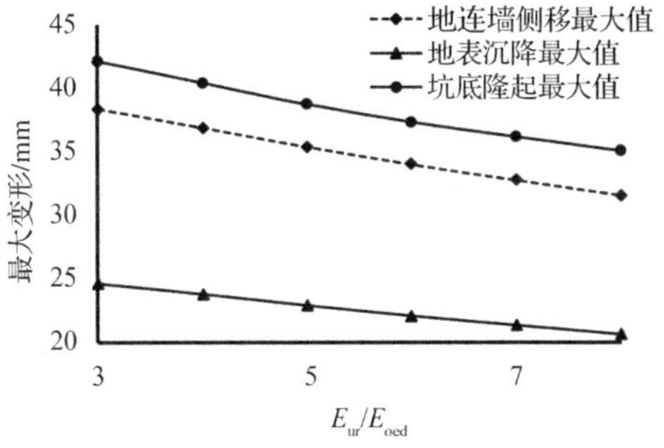

图 2.4　E_{ur} 改变对最大变形值的影响

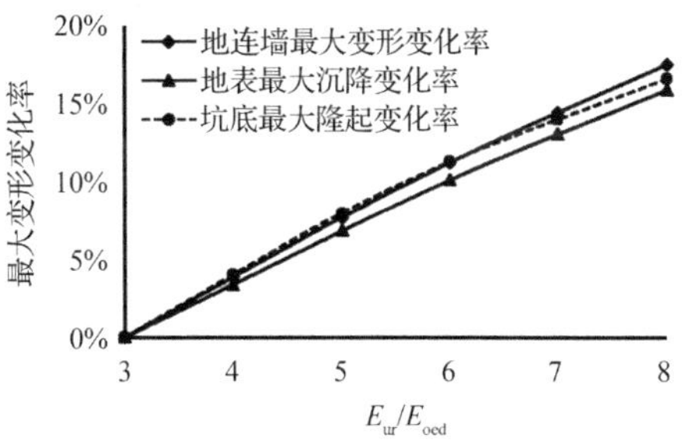

图 2.5　E_{ur} 改变对最大变形变化率的影响

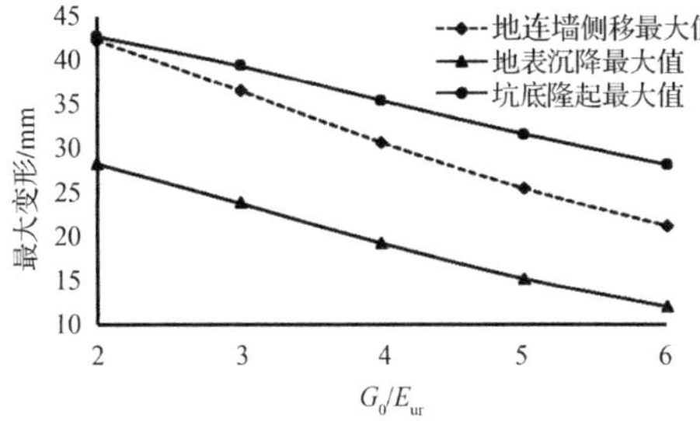

图 2.6　G_0 改变对最大变形的影响

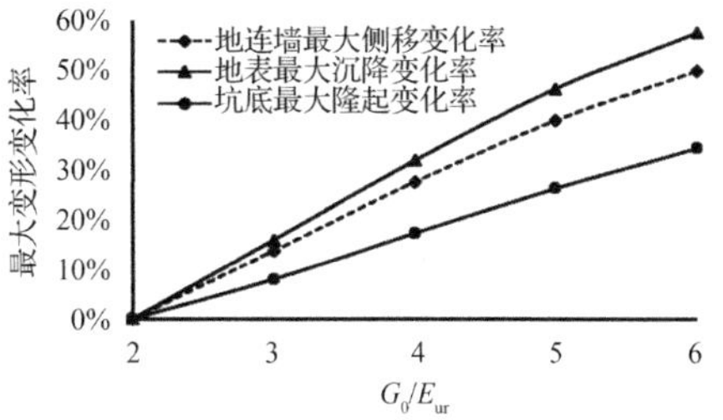

图 2.7　G_0 改变对最大变形变化率的影响

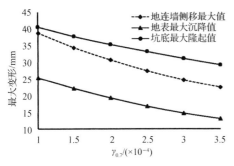

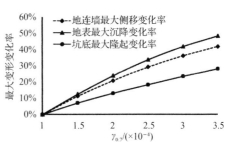

图 2.8 $\gamma_{0.7}$ 改变对最大变形的影响　　图 2.9 $\gamma_{0.7}$ 改变对最大变形变化率的影响

形对于参数变化更为敏感。相对来说，E_{ur}^{ref} 对于计算结果影响较小，对于地连墙变形、地表沉降及坑底隆起三者的影响程度相同，通过参数敏感度分析可以得出，小应变参数 G_0^{ref} 与 $\gamma_{0.7}$ 对基坑开挖过程中引起的墙体侧移、坑外土体沉降等变形影响相对较大。

本节介绍了数值计算方法及常用的本构模型，并重点介绍了小应变硬化土本构模型的计算参数及相应的取值方法，并针对小应变硬化土本构模型的参数选取作敏感度分析，了解参数选取对分析结果的影响程度。小应变硬化土模型考虑了土体在小应变状态下有较大刚度的特性，比较适用于上海软土地区的基坑开挖等岩土工程问题；通过对小应变硬化土本构模型的参数敏感度分析可得，小应变参数 G_0^{ref} 与 $\gamma_{0.7}$ 取值对基坑开挖过程中引起的墙体侧移、基坑外土体沉降等变形影响相对较大。

2.3 隔离桩在紧邻桥梁结构的基坑开挖中效用分析

在实际工程中，布设隔离桩的措施已被广泛应用于基坑工程领域，以减少基坑开挖对周边环境造成的影响。目前针对隔离桩的研究多集中于紧邻基坑开挖的建筑物沉降保护领域，对于紧邻基坑开挖的桥梁结构的保护效果研究较少，工程应用中多为依据实际的工程设计经验及参考类似工程案例。为明晰隔离桩对于紧邻基坑开挖的桥梁结构的保护效果，研究团队采用三维数值有限元模拟，分析了隔离桩对桥桩的加固机理以及隔离桩不同的布置形式对加固效果的影响规律。

2.3.1　隔离桩加固机理分析

基坑开挖过程中,基坑内土体卸荷会导致基坑底土体产生隆起,基坑外土体产生趋向于基坑方向的滑动,从而使基坑紧邻的建筑物或桥梁结构产生不均匀沉降和水平位移,可能对其安全造成不利影响。为保护基坑紧邻建筑物或桥梁结构,常在基坑与紧邻被保护对象中布设隔离桩,以减少基坑开挖导致的紧邻结构的不均匀沉降和水平侧移。隔离桩竖向承受的摩阻力能够有效减少隔离桩布设位置处的沉降,对基坑外土体沉降槽有一定的阻断作用,可以明显减小隔离桩后部土体的沉降变形,从而可以避免隔离桩后的建筑物产生过大的不均匀沉降,故隔离桩广泛应用于紧邻基坑开挖的建筑物保护工程中。针对坑外土体的水平位移,隔离桩的存在对隔离桩后土体趋向于基坑方向的滑动有一定的阻挠作用,使得坑外土体的滑移面不再连续,从而减小隔离桩后部土体的水平变形。同时隔离桩承受了部分基坑开挖导致的侧向土压力,与基坑围护结构共同形成侧向受力体系,能有效减小基坑围护结构的变形和内力。为有效减小基坑开挖导致的桥桩侧移变形,保证上部桥梁结构在基坑施工过程中的正常使用,隔离桩被应用于紧邻桥桩的基坑开挖时的加固保护。

为分析隔离桩对紧邻基坑开挖的桥梁结构的保护效果,在距离桥桩 2 m 处布设一排直径 600 mm、长 30 m 的三轴搅拌桩,桩间距为 1 m,桩的弹性模量为 3×10^7 kPa,泊松比为 0.2。采用 PLAXIS 3D 对基坑开挖过程中有无隔离桩两种工况进行模拟分析,并对比两种工况下桥梁结构及基坑围护结构的内力和变形反应,具体分析隔离桩对紧邻基坑开挖的桥梁结构的保护机理。两种工况中基坑开挖到底面后基坑的水平变形及竖向沉降分布如图 2.10—图 2.13 所示。由图可见,隔离桩的存在明显阻断了坑外土体沉降槽的形成,隔离桩所在位置的沉降得到较大程度的控制。由于隔离桩与紧邻桥桩距离较近,隔离桩对紧邻桥桩结构的沉降保护效果较为明显,桥桩承台及下部桩基础的沉降变形有所减小。

对比有无隔离桩两种工况下的基坑水平变形,隔离桩的存在使得隔离桩后部靠近地表的上部土体及桥桩底部所处土层的水平位移有所减小,隔离桩的存在可以有效控制桥桩承台结构、桥桩顶部及底部的水平变形,从而保证上部桥梁结构的使用安全。但隔离桩的存在会导致基坑外埋深接近基坑开挖深度附

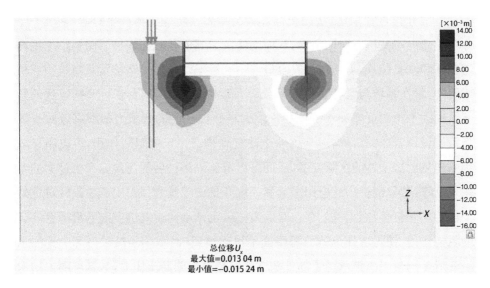

总位移 U_x
最大值=0.013 04 m
最小值=-0.015 24 m

图 2.10　未设置隔离桩时基坑开挖的水平位移分布

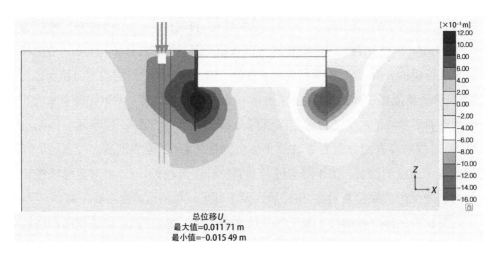

总位移 U_x
最大值=0.011 71 m
最小值=-0.015 49 m

图 2.11　设置隔离桩时基坑开挖的水平位移分布

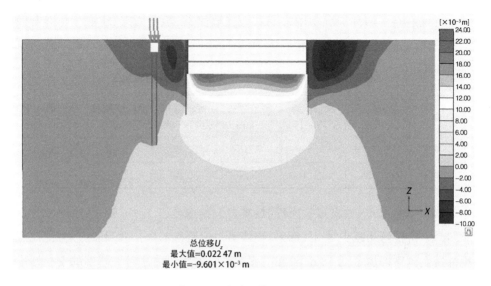

图 2.12　未设置隔离桩时基坑开挖的沉降分布

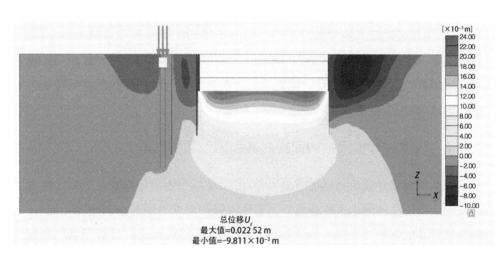

图 2.13　设置隔离桩时基坑开挖的沉降分布

近土体的水平变形增加。这是由于隔离桩上段在侧向土压力作用下产生的水平位移较大,带动隔离桩产生趋于基坑方向的整体转动,导致坑外埋深为基坑开挖深度左右处区域土体的水平位移大于未设置隔离桩时此区域土体的水平位移,有学者称其为隔离桩对土体的"牵引作用"。由于桥桩基础的最大侧移发生在该位置,故隔离桩可能会使桩基的最大侧移值有所增加。

有无隔离桩两种工况中的桩基和地连墙侧移、承台变形、坑底土体隆起及坑外土体沉降分析见第 3 章相关内容(表 2.7)。

表 2.7　有无隔离桩时地连墙及紧邻桥梁结构的响应

工况	承台侧移 /mm	承台沉降 /mm	桥桩侧移 /mm	桥桩弯矩 /(kN・m)	地连墙侧移 /mm	地连墙弯矩 /(kN・m)
无隔离桩	5.38	3.09	5.43	26.80	12.18	329.50
有隔离桩	4.55	2.21	6.01	20.46	11.06	280.20

由表 2.7 可见,当设置隔离桩时,承台侧移值减少了 15.43%,沉降减少了 28.48%,桥桩弯矩减少了 23.66%,整体对桥梁基础的保护效果较好,但需注意桥桩最大侧移增加了 0.58 mm,在工程实践中需要评估这对桩基础的安全性影响。地连墙的侧移及内力值明显减小,这证明隔离桩对于围护结构承受侧向土压力具有分担作用。同时,桥桩及隔离桩的存在使坑外地表的沉降曲线出现明显偏折,隔离桩附近及隔离桩与围护结构间土体的沉降变形明显减小,远离隔离桩及基坑方向的坑外土体的沉降有所增加,但其增加幅度很小,且其与桥桩及基坑距离较远,可忽略不计。隔离桩的存在导致靠近隔离桩侧的坑底隆起值减小,其影响程度很小。

2.3.2　隔离桩与桥梁结构间距对其加固效果的影响

在基坑与紧邻建筑物间设置隔离桩,可明显减小隔离桩附近区域的土体沉降及地表附近土体的水平位移值。当紧邻被保护对象与隔离桩的距离不同时,隔离桩对其的保护效果亦有较大区别。为了解隔离桩布设位置对于基坑开挖及紧邻桥梁结构的影响规律,设置隔离桩距离桥桩 2 m、4 m、6 m 与 8 m 共四组工况,模拟分析隔离桩布设位置变化对紧邻开挖基坑的既有桥桩保护效果的影响机理。

1. 对桥桩承台水平位移及竖向沉降的影响

隔离桩与既有桥梁结构间距不同,隔离桩的存在均能减小基坑开挖过程中紧邻桥桩承台的水平位移及竖向沉降值。

随着隔离桩与桥桩间距离逐渐增大,由 2 m 增加至 6 m 时,桥桩承台整体的水平位移变化幅度不大。当隔离桩与桥桩间距由6m增加至8m时,桥桩承台的水平位移减小较为明显,此时隔离桩与地连墙的间距仅为2m,隔离桩对于地连墙承受侧向土压力的分担作用进一步增强,相当于一定程度上增加了基坑围护结构的刚度,使得坑外土体整体水平位移有所减小,从而使桥桩承台侧移减小趋势较为明显。

总体而言,隔离桩布设位置对于隔离桩、桥桩承台的水平变形控制效果的影响较小。当隔离桩与桥桩的距离增加时,桥桩承台的沉降变化幅度逐渐减小,隔离桩对桥桩的沉降控制效果逐渐弱化。由此可得,隔离桩对于布设位置附近区域的沉降隔断控制效果较好,在实际工程中为保证对紧邻建筑物或桥梁结构沉降的保护效果,应使隔离桩尽可能靠近被保护对象。

需要注意的是,隔离桩施工过程中可能会对紧邻结构产生负面影响,隔离桩与紧邻被保护对象距离过近时,隔离桩的存在可能会加剧紧邻结构的内力和变形响应。

2. 桩基最大水平位移的变化

桩基顶部水平位移变化幅度与承台侧移的变化较为相似,隔离桩与桥梁结构间距的增加对桩顶侧移的影响较小。随着隔离桩与桥梁间距由2m增加至6m,隔离桩对坑外埋深为基坑开挖深度左右处区域的土体的牵引作用不断增强,导致桩基顶部最大侧移值逐渐增加,间距为6m时桩基的最大侧移已增加了21.9%,导致隔离桩的加固效果有所损失(图2.14)。当隔离桩与桥桩间距

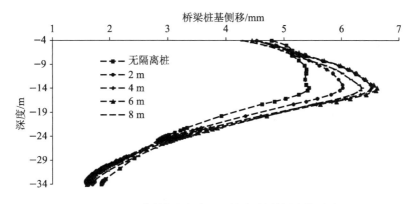

图 2.14 隔离桩与桥梁间距对桥梁桩基侧移的影响

增加至 8 m 时,桥梁桩基的最大侧移有一定幅度的减小,此时隔离桩对于基坑地连墙有一定的强化效果,其牵引作用有所减弱。

3. 桩身的弯矩变化

不同的隔离桩布设位置对桥桩上部的弯矩分布影响较大,设置隔离桩可以有效减小桩身弯矩,隔离桩与桥桩间距越小,隔离桩对于桥桩弯矩的控制效果越明显。而桩基埋深超过隔离桩长度的桩身弯矩值相比于未设置隔离桩时有所增加,且桩基与隔离桩间距越小,弯矩增加的幅度越大。

4. 其他影响

隔离桩与桥桩间距的变化对于地连墙侧移及内力变化的影响如表 2.8 所示。隔离桩的存在对地连墙有分担作用,故设置隔离桩均可减缓地连墙的侧移发展。地连墙顶部侧移随着隔离桩与桥桩的距离增加有减小趋势,当隔离桩与桥桩距离增加至 8 m 时(此时隔离桩与地连墙间距 2 m),隔离桩对地连墙上部的增强作用较为明显。整体而言隔离桩与桥桩间距 4 m 及 6 m 时对地连墙侧移及内力的控制效果要好于隔离桩与桥桩间距 2 m 及 8 m 时的控制效果。

隔离桩位置变化对于基坑坑底隆起的影响较为有限,对于坑外土体沉降变化的影响则较大。隔离桩对其布设位置的沉降控制效果最好,同时隔离桩与围护结构间的土体沉降变形明显减小。隔离桩与桥梁结构距离越大,其对桥梁结构处土体沉降变形控制能力越有限,与上述桥桩承台沉降变形规律基本相符。

表 2.8　隔离桩布设位置对地连墙侧移及弯矩的影响

隔离桩与桥梁间距/m	无隔离桩	2	4	6	8
地连墙最大侧移/mm	12.69	11.33	10.74	10.65	11.24
地连墙最大弯矩/(kN·m)	329.5	280.2	251.4	245.6	291.7

隔离桩布设位置对桥桩承台沉降变形及桩基础侧移的影响较大,对承台侧移的影响则可忽略不计。隔离桩距离桥梁结构越近时,其对承台沉降的控制效果越好,对桩基侧移的牵引作用越小,故在工程实践中隔离桩施工不对紧邻桥梁结构产生负面影响的前提下,应将隔离桩尽可能贴近桥梁结构布设,以保证

其隔离效果。

2.3.3 隔离桩桩长对其加固效果的影响

由隔离桩的加固机理可知,隔离桩的水平向阻挠能力是通过在基坑围护结构与被保护对象间设置有一定强度且嵌固在较稳定土层中的桩基贯穿基坑开挖导致的坑外土体滑移面而实现的。当隔离桩长度较小时,隔离桩尚未穿越坑外土体滑移面,对紧邻桥桩的加固保护效果并不明显,甚至会产生负面影响。为探究桩长对隔离桩保护效果的影响,以桥梁结构距离 2 m 处设置隔离桩为基本算例,设置了桩长分别为 10 m、15 m、20 m、25 m、30 m、35 m 及 40 m 等七种工况,对比分析隔离桩桩长变化对于紧邻基坑开挖的桥梁结构的保护效果的影响规律。

不同桩长的隔离桩均能减小承台的水平位移和沉降变形,且随着隔离桩桩长的增加,隔离桩对承台的水平位移和沉降变形控制效果整体呈增强趋势。当隔离桩桩长由 10 m 增加至 15 m 时,承台的水平位移和沉降变形有增大趋势。对比分析隔离桩桩长分别为 0 m、10 m、15 m、30 m 时的基坑开挖总位移云图(图 2.15—图 2.18)可发现,基坑开挖导致的坑外土体最大水平位移发生在地表以下 15 m 左右区域。隔离桩长度小于 15 m 时,土体位移场相对无隔离桩加

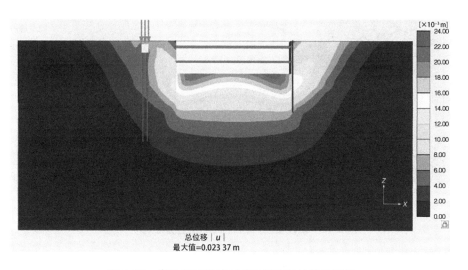

总位移 | u |
最大值=0.023 37 m

图 2.15 未设置隔离桩时基坑开挖总位移分布图

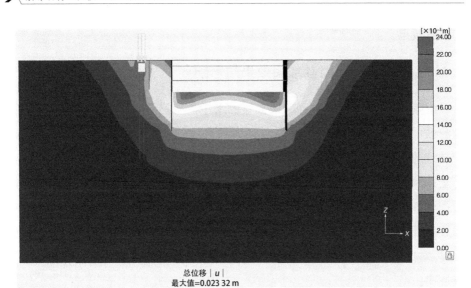

图 2.16　隔离桩 10 m 长时基坑开挖总位移分布图

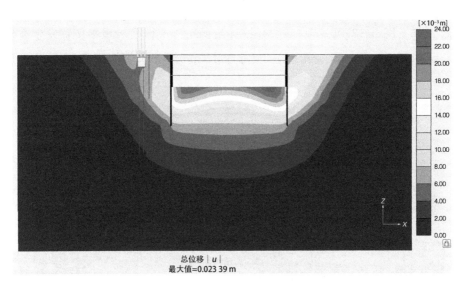

图 2.17　隔离桩 15 m 长时基坑开挖总位移分布图

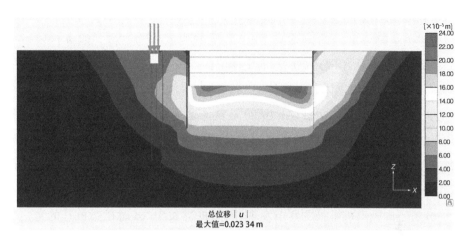

图 2.18 隔离桩 30 m 长时基坑开挖总位移分布图

固时变化较小,隔离桩仅使得承台处位移有所减小,但其减小幅度较小。隔离桩桩长为 15 m 时,隔离桩底部发生较大侧移,对隔离桩上部结构有带动作用,从而导致隔离桩对桥桩承台的变形控制效果有所削弱。当隔离桩桩长由 20 m 增加至 40 m 时,随着桩基下部嵌固长度的增加,隔离桩对桩后土体位移控制及桥桩承台的保护效果愈发增强。当桩基长度超过 35 m 后,桩长继续增加,隔离桩对桥桩承台变形的控制效果变化不显著(图 2.19)。

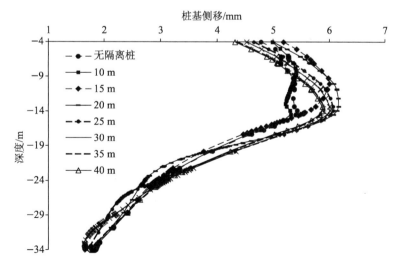

图 2.19 隔离桩长度变化对桥梁桩基侧移的影响

隔离桩桩长为 10 m 时,隔离桩存在使得桥梁桩基靠近承台处位移有所增大,桥梁桩基剩余区域的侧移减小,但其影响程度较为有限。隔离桩长度为 15 m 及 20 m 时,由于隔离桩底部的土体位移仍较大,底部土体对隔离桩的嵌固效果有限,同时上部土体对隔离桩的"牵引作用",使得隔离桩布置加剧了桥梁桩基侧移的发展。当隔离桩桩长由 25 m 逐渐增加至 35 m 时,桩底部的嵌固作用增强,隔离桩使得桥梁桩基顶部的侧移逐渐减小,对于桩基中部造成的侧移增加程度也逐渐减小。当隔离桩桩长由 35 m 增加至 40 m 时,桥梁桩基的整体侧移变化较小,可得 35 m 为隔离桩加固桥梁桩基的临界长度。

分析不同隔离桩桩长的弯矩发现,隔离桩桩长 10 m 时桥梁桩基的弯矩分布形态基本不变,弯矩峰值有所减小。隔离桩桩长由 30 m 增加至 40 m 时,桥桩上部的弯矩分布形态基本不变,桩基底部的弯矩分布明显减小,这是由于隔离桩桩长为 40 m 时,桥桩底部仍有隔离桩支撑。

隔离桩桩长变化时,地连墙的侧移和弯矩分布形态保持不变,地连墙侧移和弯矩逐渐减小,具体变化趋势如表 2.9 所示。总体上隔离桩长度超过 10 m 后,对地连墙有一定的分担作用,当其长度超过 25 m 后对地连墙的分担效应变化不明显。隔离桩桩长变化对基坑内土体隆起无明显影响。当隔离桩长度小于 20 m 时,隔离桩对土体的沉降控制效果较差,反而会加剧地表土体的沉降发展。隔离桩长度由 20 m 增加至 40 m 时,隔离桩的控制效果逐渐增强。但隔离桩桩长变化对地表沉降的影响亦存在,隔离桩桩长临界值为 35 m。

表 2.9　隔离桩长度对地连墙侧移及弯矩的影响

隔离桩与桥梁间距/m	无隔离桩	10	15	20	25	30	35	40
地连墙最大侧移/mm	12.69	12.82	12.45	12.08	11.33	11.33	11.21	11.21
地连墙最大弯矩/(kN·m)	329.5	338.5	319.6	301.3	283.3	280.2	282.1	282.2

2.3.4　隔离桩刚度对其加固效果的影响

在实际的基坑加固中,隔离桩较多选用水泥土搅拌桩、灌注桩、地连墙等结构形式。选用不同的施工方式时,其对应的隔离桩刚度也不同。为考虑隔离桩刚度对其加固效果的影响机理,以桥梁结构距离 2 m 处设置隔离桩为基本算例,改变隔离桩的刚度分别为 3×10^5 kPa、3×10^6 kPa,3×10^7 kPa 及 3×10^8 kPa,模拟分析隔离桩刚度对紧邻基坑开挖的桥梁结构保护效果的影响规律。隔离桩刚度较小时,与桩周土体的模量差异较小,此时隔离桩对于桥桩承台的变形控制效果较差。随着刚度的增加,隔离桩对桩后土体滑移的阻挠能力增强,此时承台的水平位移和沉降变形均逐渐减小,随着隔离桩刚度的增加,桥桩承台的变形控制幅度逐渐减小。

分析隔离桩的刚度影响可知,桩基顶部侧移随着隔离桩刚度的增加而不断减小,桩基中部侧移值则有小幅度增加。这是由于隔离桩设置使得坑外地表以下基坑开挖深度埋深区域的土体位移增加。当隔离桩刚度由 3×10^5 kPa 增加至 3×10^7 kPa 时,隔离桩对桩后土体的牵引作用有所增强,导致桥梁桩基中部的侧移值逐渐增大。当隔离桩刚度足够大时,隔离桩对桩后土体的位移控制效果增强,此时隔离桩的牵引作用也开始弱化,使桥梁桩基的最大侧移值减小。桥桩弯矩基本上随着隔离桩刚度的增加而逐渐减小,其分布形态未产生明显变化。

不同的隔离桩刚度所对应的基坑地连墙侧移及内力变化如表 2.10 所示。地连墙的侧移和内力分布未产生明显变化,随着隔离桩刚度的增加,地连墙的最大侧移值和最大弯矩值均逐渐减小。隔离桩刚度改变对基坑坑内土体隆起基本无影响。对于坑外地表沉降而言,隔离桩刚度较小时,对桥桩位置的地表沉降控制效果较差。随着隔离桩刚度的增加,隔离桩所在区域及隔离桩与地连墙间土体沉降值明显减小,但隔离桩刚度从 3×10^7 kPa 增加至 3×10^8 kPa 时,坑外地表沉降减小幅度较小。

综上所述,随着隔离桩刚度的增加,隔离桩对紧邻基坑开挖的桥桩的保护效果逐渐增强,当隔离桩刚度到达某一临界值(3×10^7 kPa)后,隔离桩刚度继续增加,此时对于紧邻桥桩的保护效果增强则没那么显著。

表 2.10　隔离桩刚度变化对地连墙侧移及弯矩的影响

工况	无隔离桩	3×10^5 kPa	3×10^6 kPa	3×10^7 kPa	3×10^8 kPa
地连墙最大侧移/mm	12.69	12.45	12.06	11.33	10.96
地连墙最大弯矩/(kN・m)	329.5	320	305.9	280.2	266.8

2.4 埋入式隔离桩对紧邻基坑开挖桥梁结构加固效果的影响

学者在针对隔离桩的研究分析中发现,隔离桩设置对基坑外地表附近土体的水平变形有改善效果,但可能会增加深层土体的水平位移。本书在研究隔离桩对紧邻基坑开挖的桥桩保护中发现隔离桩会导致桥梁桩基础中下部水平变形有所增加。这是由于隔离桩在侧向土压力作用下上段产生的水平位移较大,带动隔离桩整体产生趋于基坑方向的整体转动,导致坑外埋深为基坑开挖深度左右处区域土体的水平位移大于未设置隔离桩时此区域土体的水平位移。郑刚在针对隔离桩保护紧邻基坑开挖的隧道保护的研究分析中,提出布置埋入式隔离桩的方法可以减小隔离桩上部较大水平变形对桩后深部土体的"牵引作用",加强隔离桩对桩后土体的阻挡作用。

在紧邻基坑开挖的桥梁结构保护问题中,应在控制桥桩承台变形的同时尽可能减小桥梁桩基变形,防止下部桩基产生过大侧移,从而导致桩基失效,进而影响上部结构的正常使用。上述研究发现普通隔离桩对于桥桩承台的控制效果较好,对于下部桥梁桩基侧移则有负面作用。为减小设置隔离桩对于紧邻桥梁桩基侧移的负面影响,考虑同样设置埋入式隔离桩,对比分析此时桥桩承台及下部桩基的响应情况,研究隔离桩布置形式对加固效果的影响规律。

2.4.1 埋入式隔离桩加固机理分析

为了解埋入式隔离桩与普通隔离桩加固效果的差异,选取 3 种工况进行对比分析,具体工况为:

工况 A:普通隔离桩,桩长 30 m。

工况 B:普通隔离桩,桩长 40 m。

工况 C:埋入式隔离桩,桩长 30 m,埋设深度 10 m。

不同工况下桥桩承台及桥梁桩基的变形如表 2.11 所示。

表 2.11 不同隔离桩设置工况对桥桩承台及桩基的影响

工况	无隔离桩	工况 A	工况 B	工况 C
承台侧移/mm	5.38	4.55	4.35	4.19
承台沉降/mm	−3.09	−2.21	−1.86	−1.93
桩顶侧移/mm	4.78	4.52	4.32	4.11
桩基最大侧移/mm	5.43	6.01	5.88	5.53

首先对工况 A 及工况 C 进行对比,此时隔离桩的长度相同,隔离桩埋入式设置时,可以增强隔离桩对桥桩承台及桩基的保护效果,同时隔离桩对于桩基中部侧移的负面效应有所减小。为消除隔离桩底部土体嵌固作用差异给计算结果带来的影响,对工况 B 及工况 C 进行对比,二者的隔离桩底部嵌固情况完全相同,此时埋入式隔离桩的长度更短。结果表明隔离桩埋入式布置可进一步减少桥桩承台侧移,其对桩基最大侧移的负面牵引作用也有所减弱,仅有桥桩承台沉降值有小幅度增加,这是由于隔离桩长度变短,对沉降控制的能力略微降低。可见隔离桩采取埋入式布置,并不影响其对桥桩承台的保护效果,还可以缓解设置隔离桩对桥桩中部桩基侧移造成的不利影响。

隔离桩埋入式布置可明显控制桩基中上部的侧移发展,对于桩基最大侧移的牵引作用也有所降低。隔离桩埋入式布置时,隔离桩顶与地表区域间的桥桩弯矩相对于普通隔离桩布置时有小幅度增加,但整体均小于未设置隔离桩时的桥桩弯矩。工况 B 及工况 C 对应的基坑开挖总位移分布云图见图 2.20、图 2.21。

当隔离桩底部嵌固条件相同时,减少隔离桩的长度并采取埋入式设置方法,可以明显减缓设置隔离桩导致的桥桩一侧基坑开挖深度区域土体的位移发展,进而可降低隔离桩对于桥桩中部侧移发展的负面影响。但其对于桥桩与围护结构间靠近地表区域的土体位移控制能力有所下降。

2.4.2 等长度埋入式隔离桩的埋设深度对其加固效果的影响

以桥桩距离 2 m 处设置 30 m 长隔离桩为基本算例,改变隔离桩的埋入深度分别为 5 m、10 m、15 m 及 20 m,模拟分析隔离桩在等长度的条件下其埋设深度对紧邻基坑开挖的桥桩保护效果的影响规律。

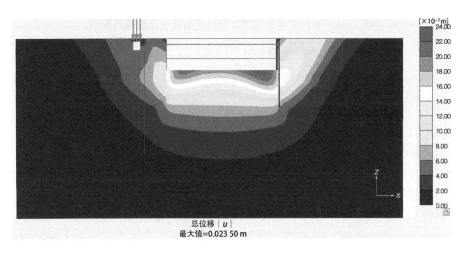

图 2.20 普通隔离桩设置时基坑总位移分布

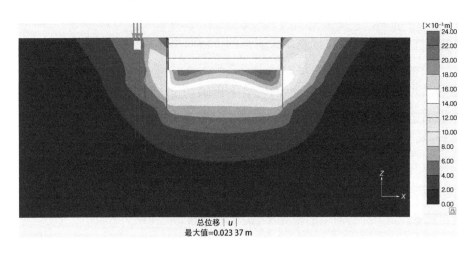

图 2.21 隔离桩埋入式设置时基坑总位移分布

当隔离桩的桩顶位置从地表处转移至地表以下埋深 5 m 及 10 m 处时,相比普通隔离桩(桩顶位于地表)而言,承台的水平位移和沉降均有不同程度的减小,说明等长度的隔离桩埋入地表一定深度可以加强其对桥桩承台的保护效果。当隔离桩埋设深度继续增加时,由于其与地表距离较大,对地表附近的变形控制效果逐渐减弱,导致桥桩承台的水平位移和沉降变形相对于设置普通隔离桩时有增加趋势。对于桥桩桩顶侧移而言,当等长度隔离桩埋设深度由 0 m 增加至 5 m 和 10 m 时,桩顶侧移值有一定程度的减小。当隔离桩的埋设深度继续增加时,隔离桩对于桥桩桩顶侧移的控制效果逐渐减弱,这与其对于桥桩承台位移的影响规律相似。对于桥桩最大侧移而言,隔离桩埋设深度从 0 m 增加至 10 m 时,隔离桩的牵引作用对桥梁桩基中部最大侧移仍存在负面作用,相对于未设置隔离桩时桥桩的最大侧移值有所增加。但随着隔离桩埋设深度的增加,隔离桩的牵引作用对于桥梁桩基最大侧移的负面影响越来越小,当隔离桩埋设深度为 10 m 时,桩基最大侧移为 5.529 mm,已较为接近无隔离桩加固时桩基的最大侧移值(5.428 mm)。此时隔离桩对于桥梁桩基上部的位移控制效果最好。当隔离桩埋设深度增加至 15 m 时,隔离桩的牵引作用对于桩基中上部侧移的影响已基本消失,桩基侧移最大值有较大幅度的降低,为 5.003 mm,相对于未设置隔离桩时已减少了 7.83%。隔离桩埋设深度增加至 20 m 时,隔离桩的最大侧移值相对有所增加,但其侧移曲线整体与未设置隔离桩时相差不大,这是由于隔离桩埋设深度过深,对于上部土层变形的控制能力较小。

通过对有无隔离桩与隔离桩埋设深度不同的四种工况分析可知,埋入式隔离桩对于桥桩弯矩的影响主要集中在隔离桩桩顶所处区域,可以明显减小桩基的弯矩峰值。埋入式隔离桩埋深过大时,其对桥梁桩基的内力的影响很小,可忽略不计。埋入式隔离桩埋置深度对地连墙侧移及内力变化影响情况见表 2.12。随着隔离桩埋置深度增加,隔离桩对地连墙承担侧向土压力的分担能力逐渐减弱,导致地连墙的侧移变形及弯矩分布有所增加。隔离桩埋设深度对基坑坑底土体隆起值影响较小。隔离桩埋设深度较小时,对于坑外土体沉降的控制效果比较好。隔离桩埋设深度增加至 20 m 时,对于坑外地表沉降的控制效果可忽略不计。

表 2.12　等长度埋入式隔离桩埋入深度变化对地连墙的影响

隔离桩埋入深度	无隔离桩	0 m	5 m	10 m	15 m	20 m
地连墙最大侧移/mm	12.69	11.33	11.32	12.10	12.50	12.73
地连墙最大弯矩/(kN·m)	329.5	280.2	281.5	316.3	330.8	333.0

2.4.3　桩顶埋设深度对埋入式隔离桩加固效果的影响

改变等长度隔离桩的埋入深度时,隔离桩底部的嵌固条件发生改变,这会对其加固效果的变化规律有一定程度的影响。为消除隔离桩底部地层条件改变对于隔离桩保护效果的影响,将隔离桩桩底位置固定在距地表30 m处,此时改变桩顶埋设深度为距地表0 m、5 m、10 m、15 m及20 m,研究同等桩底嵌固条件下桩顶埋设深度对隔离桩加固效果的影响机理。

不同桩顶埋设深度所对应的承台水平位移和沉降变形如表2.13所示。当桩底嵌固条件保持不变时,改变桩顶埋设深度为地表下5 m及地表下10 m(隔离桩长度变短),可小幅度增强隔离桩对于桥桩承台的保护效果。当桩顶埋设深度继续增加时,隔离桩对地表附近区域的土体位移控制能力减弱,桥桩承台的侧移和沉降值减小程度较为有限。隔离桩桩顶埋设深度增加至5 m时,隔离桩对于桥桩上部的侧移控制效果有所改善,对桥桩中部侧移的负面影响则基本不变。隔离桩桩顶埋设深度为10 m时,桥桩上部位移大幅度减小,此时隔离桩对桥桩上部的控制效果最好。隔离桩对桥梁中部侧移的负面效应有一定程度的缓解。当隔离桩桩顶埋设深度增加至15 m时,隔离桩对桥桩中上部侧移都有积极控制作用,桥桩最大侧移为5.128 mm,相对未设置隔离桩减少了5.56%,最大侧移产生位置也有上移。当隔离桩桩顶埋设深度增加至20 m时,隔离桩对靠近地表区域土体的控制能力严重削弱,此时桩基变形与未设置隔离桩时相差不大。

表2.13 不同桩顶埋设深度对承台变形的影响

桩顶埋设深度	无隔离桩	0 m	5 m	10 m	15 m	20 m
承台侧移/mm	5.38	4.553	4.196	4.376	5.195	5.396
承台沉降/mm	−3.09	−2.212	−2.17	−2.22	−2.852	−3.093

通过对有无隔离桩与隔离桩埋设深度不同的四种工况分析可知,埋入式隔离桩对桥桩弯矩的影响主要集中在隔离桩桩顶所处区域,可以明显减小桩基的弯矩峰值。埋入式隔离桩埋深过大时,其对桥梁桩基的内力影响很小,可忽略不计。

与2.4.2节内容对比可以发现,隔离桩桩底位置相同时改变桩顶埋设深度与改变等长度隔离桩桩顶埋设深度对紧邻桥梁桩基的变形影响规律基本相同。可见相对于隔离桩底部嵌固条件,改变隔离桩桩顶埋设深度对于桥桩变形的影响程度更大。埋入式隔离桩埋置深度对地连墙侧移及内力变化的影响情况见表2.14。随着隔离桩埋置深度的增加,隔离桩对地连墙的分担作用逐渐减弱,地连墙的侧移及内力值有所回升。隔离桩埋设深度变化对基坑底隆起无明显影响,隔离桩埋设深度超过 10 m 后,隔离桩对于桩后区域的坑外地表沉降无明显控制作用。

表 2.14 不同桩顶埋设深度对地连墙的影响

隔离桩埋入深度	无隔离桩	0 m	5 m	10 m	15 m	20 m
地连墙最大侧移/mm	12.69	11.33	11.42	12.14	12.50	12.71
地连墙最大弯矩/(kN·m)	329.5	280.2	280.9	314.0	328.9	332.3

对比不同工况的计算结果,可知固定隔离桩桩底所处位置,适当增加隔离桩桩顶埋设深度(隔离桩桩长减小),可以在加强隔离桩对于桥桩承台处位移控制效果的同时,减小隔离桩设置对桥桩最大侧移的负面效应,使得桥桩最大侧移值亦得到控制。

为研究隔离桩加固时的最优桩顶埋设深度,分别设置隔离桩桩底位置为距地表 25 m、35 m,改变桩顶埋设深度为距地表 0 m、5 m、10 m、15 m,分析可知,当隔离桩桩底位置不同时,改变隔离桩桩顶位置对隔离桩保护效果的影响规律基本相同。当隔离桩桩底位置固定时,将隔离桩桩顶由地表转移至地下埋深 5 m 处,对于桥桩承台的保护效果最好,但此时对桩基仍存在一定的负面影响。隔离桩桩顶转移至地下埋深 15 m 处时,隔离桩对于桥梁桩基最大侧移的负面效应降至最小,此时隔离桩对桩基侧移有一定幅度的控制作用。当桩顶埋设位置固定时,桩长增加使得隔离桩对于桥桩承台变形及桩基侧移的控制效果增强。

2.5 裙边加固在紧邻基坑开挖的桥梁结构保护中的应用

基坑底土体加固已被广泛应用于基坑工程领域,以控制基坑开挖过程中产生的围护结构侧移和基坑外土体沉降。基坑底土体加固常通过注浆、搅拌桩、旋喷桩等方式改变基坑坑底土体的力学性能,提高基坑坑底土体的抵抗变形能力,从而减少基坑开挖过程中产生的基坑底隆起和基坑外土体沉降,保证基坑开挖过程中基坑围护结构和周边紧邻建筑物的安全性与稳定性。根据加固体的设置形式可将其分为满堂加固、抽条加固、格栅加固及裙边加固。目前,关于基坑底加固在控制基坑围护结构变形和基坑周边土体位移方面的研究已较多，理论研究和工程实践均表明满堂加固、格栅加固、抽条加固、裙边加固对于坑底隆起的控制能力依次减弱，但四种加固方式对于抑制基坑最大侧移发展效果相差不大，从施工便捷性和经济性方面考虑，基坑加固体的设置选择裙边加固形式。针对基坑底加固对紧邻基坑开挖的桥梁结构的保护效果研究较少。为明晰基坑底加固对于紧邻基坑开挖的桥梁结构的保护效果，采用三维数值有限元模拟分析基坑底裙边加固对于桥梁结构的加固机理及布置形式变化对于加固效果的影响规律。

2.5.1 基坑底裙边加固对紧邻基坑开挖的桥梁结构的保护机理

为分析隔离桩对紧邻基坑开挖的桥梁结构的保护效果，在紧邻桥桩一侧地连墙的基坑坑底区域进行裙边加固，裙边加固的范围为基坑坑底至坑底以下6 m深度处，加固宽度为 6 m，加固体的力学参数如表 2.15 所示。采用 PLAXIS 3D 对基坑开挖过程中有无裙边加固两种工况进行模拟分析，并对比两种工况下桥梁结构及基坑围护结构的内力和变形反应，具体分析基坑底裙边加固对于紧邻基坑开挖的桥梁结构的保护机理。

表 2.15　土体加固参数表

材料	重度 γ /(kN·m^{-3})	弹性模量 E /MPa	泊松比 ν	黏聚力 c /kPa	内摩擦角 φ /(°)	本构模型
加固土	20	200	0.35	100	25	摩尔-库仑

两种工况对应的基坑开挖水平位移和沉降变形如图 2.22—图 2.25 所示。基坑内加固体的存在可明显减小基坑围护结构及基坑外地表至加固体所在深度区域土体的水平位移，紧邻桥桩承台及桩基中上部的侧移发展均得到有效控制。同时，加固体的存在可以明显降低加固体所处位置的坑底土体隆起，改变基坑底隆起变形的分布范围，使得基坑底隆起极值的产生位置向远离加固体一侧移动，坑底隆起极值有较小幅度降低。对比基坑外土体的沉降变化可知，加固体使得基坑外靠近围护结构一侧的土体沉降值大幅度降低，对桥桩承台及桩基的沉降控制十分有效。

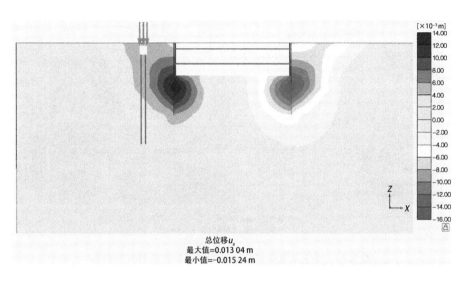

总位移u_x
最大值=0.013 04 m
最小值=−0.015 24 m

图 2.22   未采取基坑底裙边加固时基坑的水平位移分布

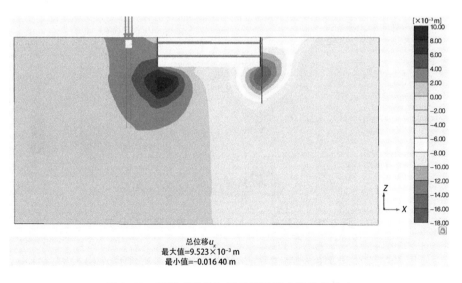

总位移u_x
最大值=9.523×10⁻³ m
最小值=−0.016 40 m

图 2.23   基坑底裙边加固时基坑的水平位移分布

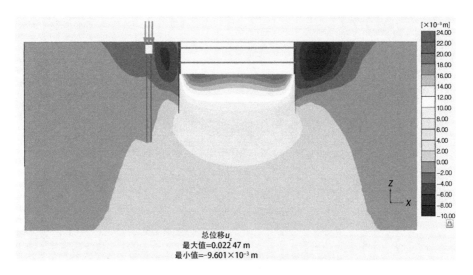

图 2.24　未采取基坑底裙边加固时基坑的沉降变形分布

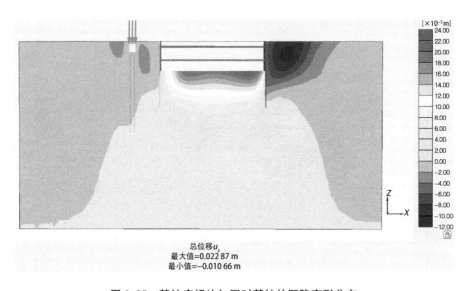

图 2.25　基坑底裙边加固时基坑的沉降变形分布

　　采取基坑底裙边加固后承台位移、桥桩及地连墙的侧移及内力的具体响应见表 2.16。可见基坑底裙边加固对基坑围护结构及紧邻基坑开挖的桥桩保护效果较为显著，地连墙侧移值整体有大幅度减小，其最大侧移减小了 30.13%，地连墙的最大弯矩值有小幅度增加，地连墙最大侧移值发生位置的深度增加。桥桩承台的侧移和沉降变形分别减小了 52.23% 及 44.98%，桥梁桩基大部分侧移和弯矩均得到有效控制，其底部侧移和内力变化与未采取加固措施时差异不大，这是由于桥桩下部埋深过大，加固体的控制效果有限。桥梁桩基的侧移最大值及弯矩最大值分别降低了 27.62% 及 33.13%。基坑底加固体所在位置隆起值明显减小，未加固区域的隆起变化则不明显。基坑外地表沉降出现大幅度减小，在靠近地连墙侧甚至出现小幅度隆起变形。总体而言，采取基坑底裙边加固的措施可有效控制基坑开挖对紧邻桥梁结构的影响。

表 2.16　基坑底裙边加固对紧邻桥梁结构的基坑开挖的影响

工况	承台侧移/mm	承台沉降/mm	桥桩侧移/mm	桥桩弯矩/(kN·m)	地连墙侧移/mm	地连墙弯矩/(kN·m)
未加固	5.38	3.09	5.43	26.80	12.18	329.50
裙边加固	2.57	1.70	3.93	17.92	8.51	358.60

2.5.2　加固深度对紧邻桥梁结构保护效果的影响

对基坑坑底土体进行加固时，不同的加固深度对于基坑底土体隆起、坑周土体及紧邻的桥桩加固效果亦有所不同。为验证基坑内土体加固深度对基坑开挖及紧邻桥桩控制效果的影响规律，以 3.3.2 节中坑底裙边加固算例（加固深度 6 m，加固宽度 6 m）为基础，分别改变裙边加固深度为 2 m、4 m、6 m、8 m、10 m 及 12 m，研究裙边加固深度对基坑开挖过程中坑底和坑周土体、紧邻桥梁结构位移响应的影响机理。当加固深度从 0 m 增加至 6 m 时，承台的水平位移和沉降值的减小幅度较为明显，此时加固深度的增加对裙边加固效果的改善有明显的促进作用。当加固深度继续增加时，承台的水平位移和沉降值有小幅度减小，但其减小幅度没那么明显，可见基坑底裙边加固对于承台的保护存在一临界深度（6 m，0.55 倍基坑开挖深度），当加固深度大于临界深度时，加固深度增加对于其加固效果改善不太显著。

通过进一步分析基坑底裙边加固的加固深度对紧邻桥梁桩基的侧移影响可知，当基坑底裙边加固深度由 0 m（无加固）增加至 2 m 时，桥桩的最大侧移值为 4.61 mm,减小了 15.14%,加固效果较为明显。基坑底加固深度变化时桥桩的侧移分布形式未发生明显改变,最大侧移值均产生在距离桩顶 10 m 处,但最大侧移值随着加固深度的增加而不断减小。当加固深度增加至 6 m 时,桥桩的最大侧移值为 3.93 mm,减小了 27.62%。随着加固深度继续增加,桥桩的最大侧移值的减小幅度却逐渐降低,加固深度-桥桩最大侧移曲线趋于平缓。可见基坑底裙边加固对桥梁桩基保护效果亦存在临界深度,加固深度超过临界深度时,加固深度继续增加对于桥桩的侧移控制效果影响很小。随着加固深度的增加,桥桩的弯矩分布形态无较大变化,桥桩的弯矩值整体上逐渐减小。当裙边加固的加固深度超过 6 m 后,加固深度继续增加对桥桩的弯矩幅值变化的影响较小。

当基坑底裙边加固深度变化时,对地连墙侧移、坑底土体隆起及坑外地表沉降进一步分析可知,随着加固深度的增加,地连墙侧移值逐渐减小。未加固时,地连墙的最大侧移值为 12.69 mm,当坑底裙边加固深度增加至 6 m 时,地连墙的最大侧移值为 8.51 mm,减小了 32.94%。加固深度继续增加,此时地连墙侧移减小幅度逐渐降低,加固深度增加对于地连墙侧移的改善效果不明显。对于基坑底隆起而言,加固体可以明显减小其所在区域的隆起变形。随着加固深度的增加,加固体对于基坑底紧邻区域的隆起控制能力亦有所增强,使得基坑底最大隆起值产生位置逐渐往远离加固体一侧移动。裙边加固深度对基坑底隆起改善效果影响的临界深度为 6 m,加固深度超过 6 m 后,加固深度增加对基坑底隆起值的影响很小。坑底裙边加固对于坑外地表处土体沉降亦有良好的控制效果,当加固深度小于 6 m 时,随着加固深度的增加,基坑外地表沉降有较大幅度的减小。当加固深度超过 6 m 后,加固深度继续增加对基坑外地表沉降的控制效果基本上无影响(表 2.17)。

表 2.17 基坑底裙边加固深度对地连墙的影响

裙边加固的加固深度	无加固	2 m	4 m	6 m	8 m	10 m	12 m
地连墙最大侧移/mm	12.69	10.69	9.52	8.51	7.84	7.15	6.86
地连墙最大弯矩/(kN·m)	329.5	298.9	428.8	358.6	266.5	182.9	149.9

可见,采用基坑底裙边加固的方式保护基坑开挖及紧邻桥梁结构时,加固深度增加会增强裙边加固的加固效果,但加固深度的增加存在临界深度(6 m,约 0.55 倍基坑开挖深度)。当加固深度超过临界深度后,加固深度增加对于桥梁结构及基坑周围土体的位移控制效果影响较小。在工程实践中,应合理布置裙边加固的加固深度,在保证加固效果的同时节省造价。

2.5.3 加固宽度对紧邻桥梁结构保护效果的影响

对基坑底土体进行加固时,为验证裙边加固的加固宽度对基坑开挖及紧邻桥梁结构控制效果的影响规律,以 3.3.2 节中基坑底裙边加固算例为基础(加固深度 6 m,加固宽度 6 m),分别改变裙边加固深度为 2 m、4 m、8 m 及 10 m,研究裙边加固的加固宽度对基坑开挖过程中坑底和坑周土体、紧邻桥梁结构位移的影响机理(表 2.18)。

表 2.18 基坑底裙边加固宽度对地连墙的影响

裙边加固的加固宽度	无加固	2 m	4 m	6 m	8 m	10 m
地连墙最大侧移/mm	12.69	10.17	9.34	8.51	7.70	7.12
地连墙最大弯矩/(kN·m)	329.5	380.5	395.3	358.6	304.6	258.1

通过进一步探究桥梁桩基的侧移受基坑内裙边加固的宽度影响机理发现:当基坑底裙边加固宽度由 0 m 增加至 2 m 时,桥梁桩基的最大侧移值为 4.53 mm,减小了 16.54%。随着加固宽度的增加,桥梁桩基的侧移分布形式未发生明显改变,桩基最大侧移发生在距桩顶 10 m 处,最大侧移值逐渐减小,其减小幅度也逐渐变缓。加固宽度增加至 8 m 时,桥梁桩基的最大侧移为 3.65 mm,减小了 32.67%,加固效果较为显著。加固宽度增加至 10 m 时,桥梁桩基的最大侧移值为 5.28 mm,减小了 0.15 mm,此时加固宽度改变对于桥梁桩基最大侧移值的控制影响已较为有限。桩长超过地连墙深度区域的桩基弯矩受裙边加固宽度变化的影响程度较小。加固宽度变化对桥桩中上部的弯矩分布影响较大,加固体的存在对桥桩弯矩有明显控制作用。当加固宽度超过 8 m 后,加固宽度增加对于加固体控制桥桩弯矩的能力无明显改善作用。可见,基坑底裙边加固对桥梁桩基的保护效果临界宽度为 8 m(约 0.75 倍基坑开挖深度)。

通过进一步分析裙边加固宽度变化对地连墙及基坑坑周土体的影响规律发现：当加固宽度为 2 m 时，地连墙侧移值减小了 19.86％。加固宽度继续增加，地连墙的最大侧移值逐渐减小，每次减小的幅度相差不大。裙边加固宽度的改变使得加固体对坑底隆起的控制范围有所增加，隆起最大值发生位置不断向远离加固体方向移动。由基坑外地表的沉降变化可知，加固宽度由 0 m 增加至 2 m 时，基坑外地表沉降有较大幅度改善，最大沉降值由 5.40 mm 减小至 2.90 mm。随着加固宽度的增加，基坑外地表沉降变形逐渐减小，但其减小程度逐渐变缓。

2.5.4　加固体位置对紧邻桥梁结构保护效果的影响

为考虑加固体所在深度对基坑开挖及紧邻桥桩内力和变形响应的影响，以 3.3.2 节中基坑底裙边加固算例为基础（加固深度 6 m，加固宽度 6 m），分别改变加固体顶部的埋设深度为距地表 5 m、7 m、9 m、11 m、13 m 与 15 m，研究裙边加固的加固位置对于基坑开挖过程中坑底和坑周土体、紧邻桥梁结构位移响应的影响机理。

通过分析加固体顶部埋深变化对桥桩承台的变形影响发现：当加固体顶部位于地表以下 5 m 处时，加固体完全位于基坑开挖区域中，基坑开挖至底部时，加固土体被移除，加固体的存在会导致桥桩承台的侧移和沉降值有小幅度增加。当加固体的顶部埋深增加时，加固体对桥桩承台变形的控制效果逐步增强。加固体顶部埋深为 13 m 时，桥桩承台的侧移值减小超过 40％，沉降值减小相比较没有那么大，对桥桩承台的沉降控制能力有较小幅度提高，整体上与加固体顶部埋深为 11 m 时的控制效果相差不大。

为了进一步分析加固体位置变化对桥梁桩基的影响，对现场监测数据进行深入解析。当加固体位于地表以下 5 m 处时，加固体对桥梁桩基变形的控制作用较小，最大侧移值减小了 5.75％。加固体埋置深度增加至 7 m 时，加固体对桥桩变形的控制效果有较大幅度提升，此时桥梁桩基的最大侧移值减小了 17.21％。加固体位于基坑底及基坑底以下 2 m 处时对于桩基变形的控制能力最好，此时桩基侧移值分别减小了 27.62％、27.36％。但加固体由基坑底移至基坑底以下 2 m 处则会导致桥桩上部的侧移值有小幅度增加。加固体埋设深度继续增加时,对桩基侧移的控制能力则有小幅度衰减。

分析和选取加固体距地表 7 m、11 m、15 m 工况的监测数据绘制桥桩弯矩来研究加固体位置变化对桥桩弯矩的影响情况。研究发现,加固体的存在从整体上均可控制桥桩的弯矩发展,而加固体位置变化对桥桩中上部弯矩分布有较大影响,加固体埋深增加至 11 m 及 15 m 时对桥桩中上部弯矩的控制能力大于加固体埋深 7 m 的控制能力。

加固体埋设位置变化对地连墙的影响如表 2.19 所示。加固体的存在均对地连墙侧移有一定的控制作用。当加固体埋设深度增加时,地连墙的最大侧移值有不同程度的减小,且其最大侧移产生位置逐渐下移。加固体顶部位于基坑坑底时(11 m),地连墙的最大侧移值减小了 32.94%。当加固体的位置继续下移 2 m 时,地连墙的最大侧移值减小了 39.72%,加固体的控制能力进一步提升,但地连墙上部的侧移值有所增加。加固体位置下移至距坑底 4 m 处时,这种现象有所加剧,最大侧移位置上移至未加固时最大侧移产生位置。可见,加固体对所处区域深度的地连墙侧移控制能力较强。

表 2.19　基坑底裙边加固体位置对地连墙的影响

加固体埋设深度	无加固	5 m	7 m	9 m	11 m	13 m	15 m
地连墙最大侧移/mm	12.69	12.31	10.51	9.47	8.51	7.65	7.70
地连墙最大弯矩/(kN·m)	329.5	317.6	296.5	427.9	358.6	264.6	182.2

通过进一步分析加固体位置变化对基坑底隆起及基坑外地表处沉降的影响发现:当加固体完全处于基坑开挖区域中时,加固体的存在会导致加固体所在区域的隆起变形有一定幅度的增加。随着加固体埋设深度的进一步增加,基坑底土体的隆起变形逐渐减小,最大隆起产生位置向远离加固体方向移动。当加固体埋设位置下移至坑底以下 2 m 及 4 m 处,发现加固体对最大隆起区域的隆起变形控制效果有所改善,但会导致加固体所在位置的隆起控制效果有小幅度削弱。加固体埋设深度增加使加固体对基坑外地表处沉降的控制效果进一步增强。当加固体顶部位于基坑坑底时,对于基坑外地表沉降的控制效果最好。当加固体埋设深度继续增加时,会削弱其对基坑外地表沉降的控制效果。

综上所述,加固体埋设位置变化对基坑开挖及紧邻桥梁结构有较大影响。

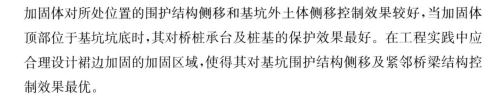

加固体对所处位置的围护结构侧移和基坑外土体侧移控制效果较好,当加固体顶部位于基坑坑底时,其对桥桩承台及桩基的保护效果最好。在工程实践中应合理设计裙边加固的加固区域,使得其对基坑围护结构侧移及紧邻桥梁结构控制效果最优。

2.5.5 加固体刚度对紧邻桥梁结构保护效果的影响

不同的施工方式使得其对基坑底加固区域土体力学性能的改善程度有较大差异,会对基坑开挖及紧邻桥梁结构的变形控制有较大影响。为研究加固体刚度对紧邻桥梁结构的保护效果,以 3.3.2 节中基坑底裙边加固算例为基础(加固深度 6 m,加固宽度 6 m),分别改变加固体的压缩模量为 100 MPa、150 MPa 及 250 MPa,研究裙边加固的加固位置对基坑开挖过程中坑底和坑周土体、紧邻桥梁结构位移响应的影响机理。

(1)通过分析加固体强度改变对桥桩承台的变形影响发现,随着加固体刚度的增加,加固体对承台的变形控制能力逐渐增强,相应的增强幅度逐渐减小。当加固体刚度增加至 250 MPa 时,承台的水平变形及沉降值的控制幅度为 56.21%、48.12%,与加固体刚度为 200 MPa 时控制效果相差不大。

(2)通过分析加固体刚度变化对桥梁桩基的侧移影响程度发现,随着加固体刚度的增加,桩基侧移值有明显减小,减小趋势逐渐变缓。加固体刚度由 200 MPa 增加至 250 MPa 时,桥梁桩基的最大侧移值减少了 0.125 mm,加固效果改善不太明显。加固体对桥桩弯矩有明显的控制作用,加固体刚度变化对桥桩弯矩的影响则相对较小。

(3)加固体刚度变化对基坑围护结构及坑周土体位移的影响见表 2.20。改变加固体的刚度对地连墙侧移变化有较大影响。加固体刚度为 100 MPa、150 MPa、200 MPa 与 250 MPa,所对应的地连墙最大侧移值分别为 9.52 mm、8.86 mm、8.51 mm 与 8.28 mm。可见,随着加固体刚度的增加,加固体对地连墙侧移的控制效果增加幅度逐渐减小。加固体刚度增加会使加固体对基坑底隆起变形的控制能力增强。但加固体刚度超过 150 MPa 时,刚度继续增加,加固体的加固效果无明显变化。基坑底加固体的存在可明显减小基坑外地表的沉降,随着加固体刚度的增加,加固体对基坑外地表沉降的控制能力有所上升,但其改善幅度较小。

表 2.20　基坑底裙边加固体刚度对地连墙的影响

加固体刚度/MPa	无加固	100	150	200	250
地连墙最大侧移/mm	12.69	9.52	8.86	8.51	8.28
地连墙最大弯矩/(kN·m)	329.5	299.1	329.3	358.6	382.4

综上所述,增加加固体的刚度,整体可增强加固体对基坑开挖及紧邻桥梁结构变形的控制能力。但加固体刚度改变对其控制能力的改善存在临界值(约200 MPa),当加固体刚度超过这一临界值继续增加时,加固体对基坑开挖过程中围护结构、坑周土体及紧邻桥梁结构的控制效果改善不显著。故在工程实践中需选择合理的加固参数,在保证加固效果的同时提高土体加固的经济合理性。

2.6　小结

为了分析隔离桩及裙边加固对紧邻基坑的桥梁结构加固效果,本章通过建立基本有限元算例,改变隔离桩及裙边加固的布置形式,研究其加固效果的变化规律,明晰隔离桩及裙边加固对紧邻基坑的桥梁结构的加固机理。

(1) 在基坑与紧邻桥梁结构间设置隔离桩,可以对基坑开挖导致的桩后土体位移有一定的限制作用,从而起到保护桩后桥梁结构的作用。计算结果表明,隔离桩对于桩后靠近地表区域土体的变形有控制作用,对于桩后深层土体变形存在牵引作用,可能使得深部土体的侧移值相对未设置隔离桩时有所增加。设置隔离桩可以有效控制桥桩承台的侧移及沉降变形,其牵引作用对桥桩侧移存在负面效应,使桥桩中部侧移有所增加。

(2) 改变隔离桩与桥梁间距、隔离桩桩长及隔离桩刚度对比分析其加固效果可知,为增强隔离桩的保护效果,隔离桩应尽量贴近紧邻桥梁布置。隔离桩桩长或刚度的增加使隔离桩对桥桩承台的加固作用有所增强,存在临界隔离桩长度及临界隔离桩刚度。隔离桩桩长或刚度继续增加,其加固效果改善不明显。

(3) 为消除隔离桩设置对桥桩侧移的负面效应,考虑将隔离桩埋入式布置,此时隔离桩对桥桩承台变形及桩基侧移均有控制作用。

（4）裙边加固可以增强基坑底土体的抵抗变形能力，从源头上减小基坑开挖导致的土体位移，从而对紧邻桥梁有加固作用。整体随着加固宽度、加固深度及加固刚度的增加，裙边加固对紧邻桥梁的加固效果逐渐增强。加固效果改善存在临界值，加固宽度临界值约为 0.75 倍基坑开挖深度，加固深度临界值约为 0.55 倍基坑开挖深度。加固宽度及加固深度继续增加则对裙边加固的加固效果增强不太明显。加固体顶部位于基坑底时对紧邻桥梁的加固效果最好。

3 南浦大桥桥墩保护

3.1 桥墩及桥桩结构布置

基坑南侧紧邻南浦大桥浦西引桥段,靠近桥墩 W10 及 W11。基坑开挖边线距离桥墩 W10 最近约为 12.3 m,距离桥墩 W11 距离约为 11.0 m。

根据基坑周围环境的重要性程度及建(构)筑物与基坑的距离,本工程紧邻南浦大桥一侧与地铁 4 号线一侧环境保护等级为一级,其余基坑段周围环境保

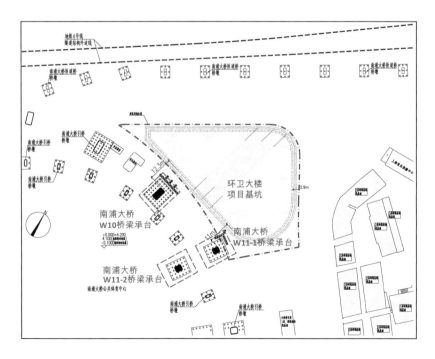

图 3.1 环卫大楼基坑总平面及紧邻桥墩示意图

护等级均为二级。考虑基坑本身的特点及周边环境情况,综合考虑安全可靠性、施工可行性、经济合理性和工期保证性等因素后,决定采用地下连续墙+两道钢筋混凝土支撑的围护方案,嵌入土体深度为 14 m。紧邻南浦大桥 W10 与 W11 桥墩侧地下连续墙 1 000 mm 厚,其他侧地下连续墙 800 mm 厚。环卫大楼基坑总平面及紧邻桥墩示意如图 3.1 所示。

3.1.1 紧邻南浦大桥桥墩概况及加固措施

W10、W11 桥墩具体桩基分布、加固措施及与基坑的平面关系如图 3.2 和图 3.3 所示。

南浦大桥作为上海市内环高架快速路的重要过江通道,采用双塔双索面斜拉桥的结构形式,1991 年建成通车。其浦西段引桥由于地域空间限制采用复曲线螺旋状桥梁结构,紧邻环卫大楼工程。基坑开挖对南浦大桥影响较大的为西引桥段 W10 与 W11 桥墩(图 3.4)。W10 桥墩为单柱式桥墩,桩基长 32 m,接头预计位于基坑底部 8～10 m 处;W11 桥墩为双柱式桥墩,桩长 30 m,接头预计位于基坑底部约 10 m 处。

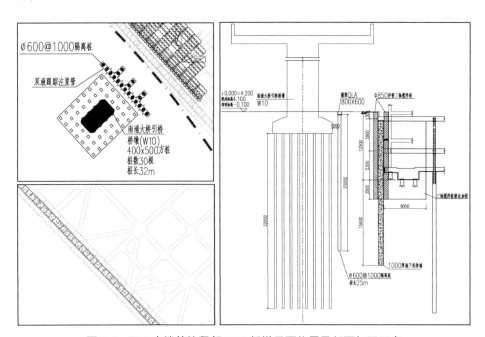

图 3.2 环卫大楼基坑紧邻 W10 桥墩平面位置及剖面加固示意

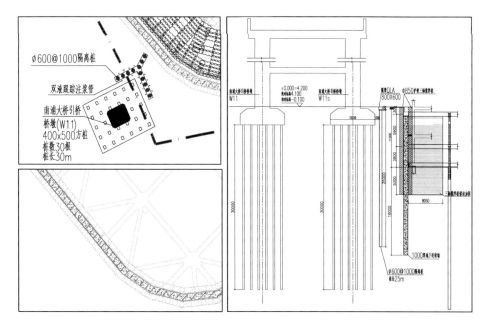

图 3.3 环卫大楼基坑紧邻 **W11** 桥墩平面位置及剖面加固示意

图 3.4 环卫大楼基坑紧邻南浦大桥引桥 **W10** 与 **W11** 桥墩

3.1.2 南浦大桥引桥安全影响因素分析

1. 沉降过大

南浦大桥引桥发生沉降的主要风险在于止水帷幕的止水效果不好,围护结构发生渗漏、流砂、管涌或基坑施工完毕后地下室外墙持续渗漏水等,使基坑外水位下降。

针对这一风险,在施工中可以采取如下措施来防范。

（1）围护设计中采用更加可靠的止水帷幕。

（2）保证止水帷幕和地下室防水的施工质量。

（3）发生围护体系渗漏或流砂、管涌等情况时，立即按照应急预案采取相应措施。

（4）若南浦大桥沉降已发生，应对其接坡及匝道区域基础采取注浆加固措施。

2. 桥墩倾斜值过大

南浦大桥引桥桥墩倾斜是由于基础土体向基坑方向产生过大的位移，包括支撑梁以上悬臂端土体变形和基坑底部的围护结构变形等，同时土方车在基坑开挖期间的行驶也会导致南浦大桥引桥靠基坑一侧发生沉降，致使南浦大桥引桥桥墩两侧不平衡。针对这一风险，在施工中可以采取如下措施来防范。

（1）围护设计中应采用刚度足够大的围护支撑体系。

（2）土方开挖时，应合理加快进度，保证支撑传力体系尽早形成。

（3）若围护结构变形过大，应按照应急预案采取顶撑等措施加固。

3. 裂缝发展

南浦大桥引桥裂缝发展风险在于不均匀沉降使桥梁结构内部产生应力而引发裂缝。针对这一风险，在施工中可以采取如下措施来防范。

（1）先要保证南浦大桥引桥基础水位平稳和土体不产生过大位移。

（2）若裂缝过大，应采取碳纤维加固等措施。

3.2　桥墩保护范围及方案比选

在实际施工过程中，为了保护南浦大桥引桥桥墩，基坑围护设计采取加强措施来确保基坑施工过程中南浦大桥的安全：

（1）参考类似工程案例，对地下室采取退界措施。退界后，基坑开挖边线至 W10 桥墩最近距离为 12.3 m，距离 W11 桥墩最近距离约为 11.0 m。基坑紧邻南浦大桥一侧环境保护等级被提高至一级，围护结构最大侧移允许值为 0.18% H，即 19.80 mm。

（2）靠近南浦大桥一侧采用刚度大、整体性好的围护墙体，即 1 000 mm 厚的地下连续墙。同时，为减小地下连续墙施工对土体的扰动，采用三轴搅拌桩成槽护壁,护壁深度同地连墙深度。

（3）调整基坑水平支撑（对撑）方向,使其与紧邻南浦大桥侧围护墙垂直。

（4）基坑内侧采用三轴搅拌桩进行裙边加固,加固宽度约 8 m,加固深度自第一道支撑底至基坑开挖面下 5 m。

（5）基坑外侧紧邻 W10 与 W11 桥桩承台处,设置 $\phi600@1000$ 隔离桩,在隔离桩两侧预埋双液跟踪注浆管。

从以上保护措施可见,对紧邻基坑桥墩保护主要以隔离桩以及裙边加固作为主要保护措施。事实上,类似工程中隔离桩和裙边加固常常被单独用来确保紧邻结构的安全,为了探究隔离桩、裙边加固以及隔离桩与裙边加固组合加固方案的保护效果,本章借助数值手段对此展开分析。

3.2.1 数值模型基本假定

环卫大楼周边环境较为复杂,在数值计算中较难实现对基坑开挖全过程实际情况的完全模拟,为了提高数值计算过程的准确性及计算效率,实际情况中对基坑开挖及紧邻桥桩影响较小的因素适当简化,具体假定如下。

（1）项目场地内土层为层状均匀分布,为考虑土体小应变情况下的刚度特性,土体模型采用小应变硬化土本构 HSS 模型。

（2）桥桩承台、桥梁桩基、地连墙及支撑均为线弹性体,且在建模中不考虑立柱桩的影响,将支撑的重度调整为 0。

（3）基坑开挖过程中采取降水措施,不考虑渗流的影响。

（4）桥梁上部结构间存在伸缩缝,一定范围内下部结构位移不会导致上部结构产生附加内力。

在建模时仅设置桥桩承台及下部桩基,在承台上施加一定的均布面荷载来模拟上部结构对承台及桩基的作用。

3.2.2 数值模型参数

模型中土体采用小应变硬化土本构模型,考虑基坑降水,项目具体的土体计算参数如表 3.1 所示。小应变硬化土本构模型共涉及 11 个土体硬化模型参数及 2 个小应变参数。K_0、m、ν_{ur}、p^{ref} 和 ψ 参照已有研究成果取值,c'、φ'、

E_{50}、E_{ur}、E_{oed}、R_f、G_0、$\gamma_{0.7}$ 主要通过室内土工试验并结合工程实测数据的反演分析法来确定。由于缺少相关的土体力学试验,故在数值计算中通过参考学者已有研究及类似工程实例对上述参数进行合理取值。地质勘察报告提供了土体的重度、黏聚力及压缩模量 E_s,由于有限元软件 PLAXIS 计算采用有效强度参数,根据总应力强度参数与有效应力强度参数间的转换关系并参考上海类似工程案例的土体试验,确定了土体的 c'、φ' 值。通过参考上海市同类基坑工程的土工试验及工程实测数据反演分析得到小应变土体硬化参数取值方法,数值模拟中的土体小应变硬化模型计算参数取值如表 3.1 所示。

表 3.1　环卫大楼土体计算参数表

土层	γ /(kN·m^{-3})	c' /kPa	φ' /(°)	ψ /(°)	E_s /MPa	E_{oed} /MPa	E_{50} /MPa	E_{ur} /MPa	G_0 /MPa	$\gamma_{0.7}$ /(×10^{-4})	m
①1	18.1	5	10	0	3.79	3.79	3.79	15.16	45.48	2	0.8
①3	18.4	5	31	1	7.58	6.82	8.19	47.74	95.51	2	0.8
④	16.9	4	27	0	2.43	2.43	3.65	17.01	51.03	2	0.8
⑤1	18.0	5	30	0	3.56	3.20	3.84	22.43	67.29	2	0.8
⑤3	18.5	5	30	0	4.97	4.47	5.37	31.31	93.93	2	0.8
⑦1	18.8	3	31	1	10.47	10.47	10.47	41.88	125.64	2	0.5
⑦2-1	19.4	0	33	3	13.99	13.99	13.99	55.96	167.88	2	0.5
⑦2-2	19.4	1	33.5	3.5	14.11	14.11	14.11	56.44	169.32	2	0.5
⑨	19.8	0	33	3	14.71	14.71	14.71	58.84	176.52	2	0.5

靠近南浦大桥桥桩一侧的基坑围护结构采用 1 000 mm 厚的地连墙,其他两侧的基坑围护则采用 800 mm 厚的地连墙,地连墙埋深约 27.0 m。基坑内架设两层支撑,分别位于距地表 1.3 m 及 7.2 m 处。关于基坑围护体系及紧邻桥梁结构的具体计算参数如表 3.2 所示。

表 3.2　环卫大楼结构计算参数表

结构	γ /(kN·m^{-3})	E /kPa	ν	A /m^2	I_2 /m^4	I_3 /m^4	材料类型	结构类型
地连墙	25	$3×10^7$	0.2	—	—	—	弹性	板单元
第一道支撑	0	$3×10^7$	0.2	0.64	0.034 1	0.034 1	弹性	梁单元

（续表）

结构	γ /(kN·m^{-3})	E /kPa	ν	A /m^2	I_2 /m^4	I_3 /m^4	材料类型	结构类型
第二道支撑	0	3×10^7	0.2	0.8	0.066 7	0.042 7	弹性	梁单元
桥桩承台	25	3×10^7	0.2	—	—	—	弹性	实体单元
桥梁桩基	25	3×10^7	0.2	0.2	0.002 7	0.004 2	弹性	嵌入式梁单元

通过有限元软件 PLAXIS 3D 进行环卫大楼的数值建模计算分析。三维数值模型的几何尺寸为长度取 180 m，宽度取 180 m，深度取 70 m。模型边界与围护结构之间的距离均大于 4 倍开挖深度，桥梁桩基与模型边界距离约为 1 倍桩基长度，模型边界对于有限元计算结果的影响可忽略。模型底部全部约束，在各侧面限制其水平方向的位移，模型顶面自由。考虑土体小应变情况下的刚度特性，以较准确地反映敏感环境下基坑开挖对紧邻桥梁结构的影响。为考虑地连墙与两侧土体的共同作用，在地连墙两侧设置接触面。执行网格划分时，土体采用 10-节点四面体单元，梁采用 3-节点线单元，板采用 6-节点线单元，界面采用 12-节点单元，并对结构体进行加密，网格划分完成后生成约 25 万个单元。环卫大楼有限元模型及网格划分如图 3.5、图 3.6 所示。

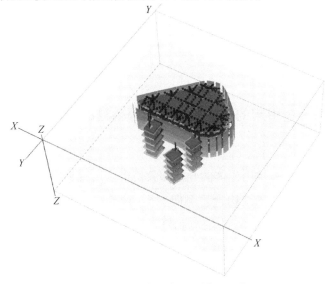

图 3.5　环卫大楼有限元模型示意图

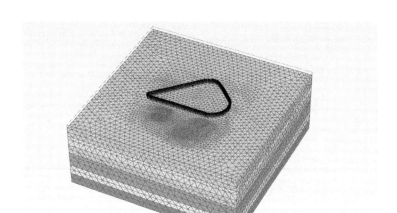

图 3.6　有限元模型网格划分示意图

有限元计算时,分析工况的内容如下:

(1) 地应力平衡;

(2) 激活桥梁及桩基施工;

(3) 地下连续墙施工;

(4) 土体开挖至第一道支撑下;

(5) 施工第一道支撑;

(6) 土体开挖至第二道支撑下;

(7) 施工第二道支撑;

(8) 土体开挖至基坑底。

3.2.3　基坑开挖引起的基坑本体及紧邻桥桩的响应

1. 地连墙水平变形分析

基坑开挖过程中,坑内土体的开挖卸载使得基坑围护结构两侧产生较大的侧向土压力差,导致围护结构产生侧向变形,对基坑外土体及紧邻结构的水平变形有较大影响。未采取加固措施时,环卫大楼基坑开挖过程中地连墙的总位移变化云图如图 3.7—图 3.9 所示。可见随着基坑开挖深度的增加,地连墙的变形逐渐增加。每侧地连墙的最大变形位置产生在地连墙跨中部位,随着开挖深度增加,地连墙的最大变形位置逐渐下移。

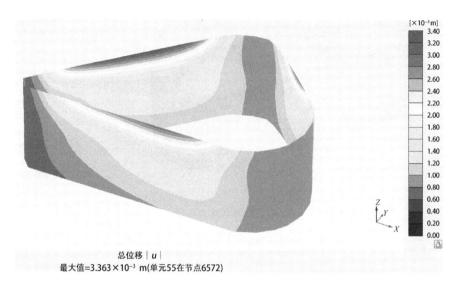

总位移 | u |
最大值=3.363×10⁻³ m(单元55在节点6572)

图 3.7　开挖至第一道支撑位置时地连墙总位移示意图

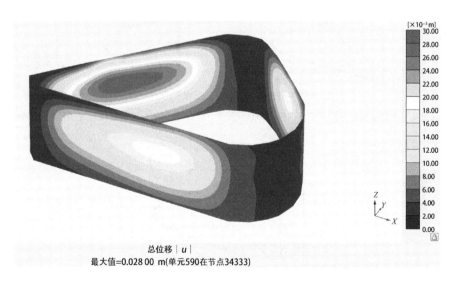

总位移 | u |
最大值=0.028 00 m(单元590在节点34333)

图 3.8　开挖至第二道支撑位置时地连墙总位移示意图

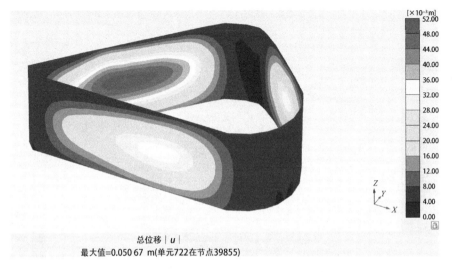

总位移 |u|
最大值=0.050 67 m(单元722在节点39855)

图 3.9 开挖至基坑底时地连墙总位移示意图

分别截取各侧地连墙最大位移产生位置处的侧移曲线,如图 3.10 所示。基坑开挖至第一道支撑位置时,地连墙的最大侧移发生在地连墙顶部,最大侧移

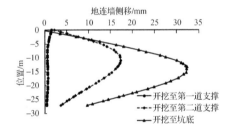

（a）靠近桥桩侧地连墙在基坑开挖过程中的侧移发展

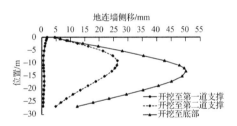

（b）西北侧地连墙在基坑开挖过程中的侧移发展

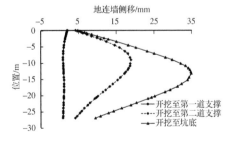

（c）东北侧地连墙在基坑开挖过程中的侧移发展

图 3.10 基坑开挖过程中各侧地连墙侧移变化示意图

值相对较小,此时基坑开挖的卸载作用对地连墙的侧向变形影响较小。随着开挖深度的增加,地连墙的最大侧移值产生位置逐渐下移,最大侧移值有较大幅度增加。开挖至基坑底时,地连墙最大侧移产生位置位于距地表 13.3 m 处区域(开挖面以下 2.3 m,H 为 11 m),其中靠近桥桩一侧的地连墙最大侧移值为 33.64 mm,超过一级环境保护等级规定的围护结构最大侧移值($0.18\%H$:19.8 mm),远离桥桩西北侧地连墙最大侧移值为 52.74 mm,东北侧地连墙最大侧移值为 35.57 mm,超过二级环境保护等级规定的围护结构最大侧移值($0.25\%H$:27.5 mm)。故对环卫大楼需要采取相应的加固措施来保证地连墙的最大侧移值符合其周边环境的保护需求。

2. 基坑外土体沉降及基坑底土体隆起变形分析

基坑开挖过程中基坑外土体沉降及坑底土体隆起的具体分布如图 3.11—图 3.13 所示。基坑开挖至第一道支撑处时,基坑外土体沉降及坑底土体隆起的变形幅度较小。随着基坑开挖深度的增加,基坑外土体的沉降主要发生在各侧地连墙跨中区域,沉降变形幅度逐渐增加。桥桩的存在对其紧邻区域土体的沉降变形有明显的限制作用,桥桩一侧地连墙的坑外土体沉降范围有所缩减。

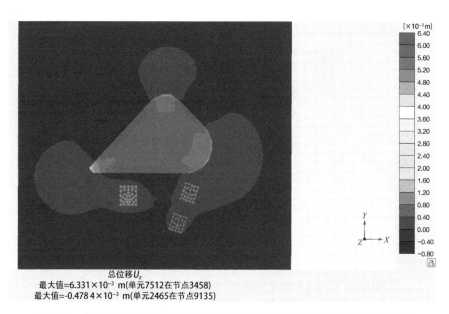

总位移 U_z
最大值=6.331×10⁻³ m(单元7512在节点3458)
最大值=-0.478 4×10⁻³ m(单元2465在节点9135)

图 3.11 开挖至第一道支撑位置时基坑外土体沉降及坑底土体隆起分布图

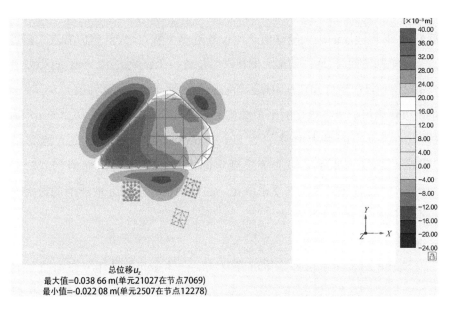

总位移 u_z
最大值=0.038 66 m(单元21027在节点7069)
最小值=-0.022 08 m(单元2507在节点12278)

图 3.12　开挖至第二道支撑时基坑外土体沉降及坑底土体隆起分布图

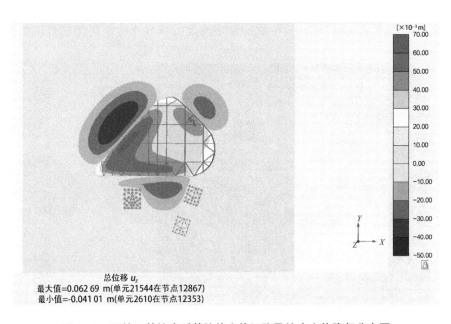

总位移 u_z
最大值=0.062 69 m(单元21544在节点12867)
最小值=-0.041 01 m(单元2610在节点12353)

图 3.13　开挖至基坑底时基坑外土体沉降及坑底土体隆起分布图

同时,基坑开挖导致地连墙连接处紧邻区域的土体产生小幅度隆起。基坑底隆起变形主要产生在紧邻桥桩一侧及西北侧地连墙跨中位置之间的区域,这是由于上述位置的地连墙的分布长度较大,其对土体位移的限制作用要稍弱于东北侧较短的地连墙。随着开挖深度的增加,坑底土体隆起变形逐渐增加。

截取桥桩侧土体最大沉降产生位置的坑外地表沉降分布曲线如图 3.14 所示。可见,基坑开挖导致的基坑外地表沉降曲线呈典型的凹槽状分布,最大沉降值发生在距离地连墙 8~9 m 处。随着开挖深度的增加,基坑外地表的沉降值逐渐增加。基坑开挖至坑底时,基坑外地表的最大沉降值为 24.90 mm,超过了一级环境保护等级规定的坑外地表最大沉降值(0.15%H:16.50 mm)。西北侧地连墙处坑外土体的最大沉降值为 41.01 mm,超过了二级环境保护等级规定的坑外地表最大沉降值(0.30%H:33.00 mm);东北侧地连墙处坑外土体的最大沉降值为 25.68 mm,符合二级环境保护等级的规定值。由基坑开挖过程中的坑外土体沉降及坑底土体隆起变化可知,紧邻桥梁一侧及西北侧地连墙坑外土体沉降及坑底土体隆起变形较大,需要在施工过程中加以控制,减小对周边环境影响。

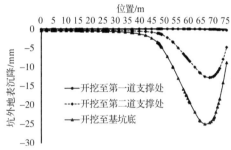

图 3.14 基坑开挖过程中紧邻桥桩侧坑外地表沉降变化分布

3. 紧邻桥墩承台变形分析

开挖至基坑底时,紧邻桥桩承台的水平位移及沉降变化如图 3.15、图 3.16 所示。总体而言,基坑开挖对于紧邻桥桩承台的水平位移影响较大。由于 W10 桥墩与地连墙间的距离较小,且其位于该侧地连墙的跨中区域附近,故基坑开挖对 W10 桥墩的影响程度更大。基坑开挖至基坑底时桥桩承台的变形值如表 3.3 所示。

表 3.3 基坑开挖至基坑底时桥桩承台的变形值

桩基	W10	W11-1	W11-2
最大侧移值/mm	7.776	5.488	2.475
最大沉降值/mm	2.070	1.667	1.085
倾斜率/‰	0.18	0.19	0.03

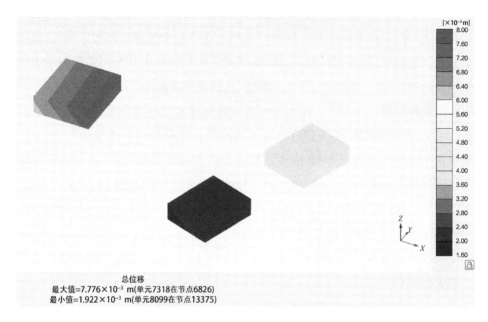

总位移
最大值=7.776×10⁻³ m(单元7318在节点6826)
最小值=1.922×10⁻³ m(单元8099在节点13375)

图 3.15　基坑开挖至坑底时紧邻桥桩承台的水平位移分布

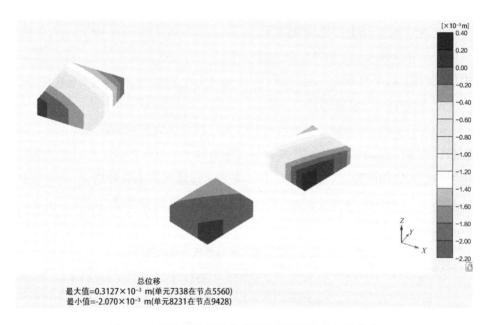

总位移
最大值=0.3127×10⁻³ m(单元7338在节点5560)
最小值=-2.070×10⁻³ m(单元8231在节点9428)

图 3.16　基坑开挖至坑底时紧邻桥桩承台的沉降分布

4. 桥梁桩基变形及内力响应分析

基坑开挖至基坑底时,桥桩沿两个方向的水平位移(侧移)分布如图 3.17、图 3.18 所示。基坑开挖对于 W10 桥墩及 W11-1 桥桩的侧移影响较大。W10 桥墩下群桩与紧邻地连墙近乎平行布置,受基坑开挖影响最大的为其右上角位置的桩基。W11-1 桥墩及 W11-2 桥墩下群桩布置与紧邻地连墙成一定夹角,在基坑开挖影响下沿紧邻地连墙方向及垂直于紧邻地连墙方向均产生相似幅度的水平变形,受基坑开挖影响最大的为其左上角位置的桩基。分别选取三组发生侧移最大的桩基并绘制其侧移与弯矩分布曲线,如图 3.19、图 3.20 所示。

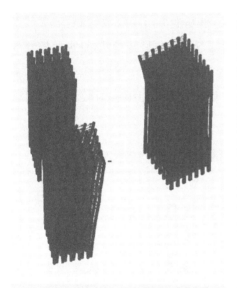

总位移u_x(放大1.00×10³ 倍)
最大值=1.774×10⁻³ m(单元1498在节点111708)
最小值=-3.953×10⁻³ m(单元1529在节点111772)

图 3.17 开挖至基坑底时桥桩平行于紧邻地连墙方向的侧移分布

总位移u_x(放大500倍)
最大值=0.010 22 m(单元7在节点108673)
最小值=0.618 3×10⁻³ m(单元2895在节点114564)

图 3.18 开挖至基坑底时桥桩垂直于紧邻地连墙方向的侧移分布

由图 3.19 可知,基坑开挖对紧邻 W10 桥墩的桩基变形影响较大,对 W11-1 桥墩下桩基的桩顶侧移影响相对较小。基坑开挖对 W11-2 桥墩下桩基的侧移影响幅度最小。

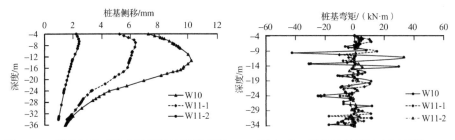

图 3.19 基坑开挖过程中紧邻桥桩桩基侧移分布示意   **图 3.20** 基坑开挖至坑底时桥桩弯矩分布

基坑开挖至坑底时,上述三组桩基的弯矩分布如图 3.20 所示。总体而言,基坑开挖对 W10 桥墩桩基的内力影响较大,桩基上部出现较大弯矩,中下部产生的附加弯矩相对较小。W11-1 桥墩的附加弯矩分布呈哑铃状,桩顶及桩底区域的弯矩值相对较大,桩基中部的弯矩值相对较小。由于 W11-2 桥墩与基坑间距较大,故在基坑开挖过程中,其下部桩基的附加弯矩值相对较小。三组桩基的最大弯矩和最大剪力值如表 3.4 所示。

表 3.4 基坑开挖至坑底时桥梁桩基最大弯矩及最大剪力值

桩基	W10	W11-1	W11-2
最大弯矩/(kN·m)	42.29	17.45	4.828
最大剪力/kN	47.17	48.95	9.816

桩基的抗压承载力为 3 309 kN,桩基在纯弯条件下的抗弯承载力为 79 kN·m,桩基连接处在纯弯条件下抗弯承载力为 92 kN·m,桩基的抗剪承载力为 118 kN。对比表 3.4 中弯矩和剪力计算值,基坑开挖导致的桥梁桩基附加内力值未超过桩基的承载力,符合规范要求。为控制基坑开挖导致的桥梁结构整体位移变形,仍需在基坑开挖过程中采取相应的加固措施,来减小桥梁结构的位移变形,保证桥梁结构的安全运营。

3.2.4 加固方案对基坑及紧邻桥桩的影响

为保证基坑开挖过程中紧邻桥梁结构的安全,考虑设置隔离桩及基坑底裙边加固两种加固措施。隔离桩处于基坑围护结构与紧邻桥梁结构之间,可以有效阻断基坑外土体位移的传播路径,对隔离桩后土体有一定的加固作用。基坑底裙边加固则是通过改变基坑底部土体的物理力学性能,增强土体的变形能力,减少基坑底隆起的变形量,从而削弱基坑外土体位移的发展。

具体的加固措施如下:紧贴地连墙设置基坑内裙边加固,加固区域为第一道支撑底部至基坑底以下 5 m 处,紧邻桥桩侧地连墙及西北侧地连墙的加固宽度为 8.05 m,东北侧地连墙的加固宽度为 6.25 m。同时,紧邻桥梁桩基位置布设一排长 25 m、直径为 600 mm、间距为 1 000 mm 的隔离桩,具体布置形式如图 3.21 所示。

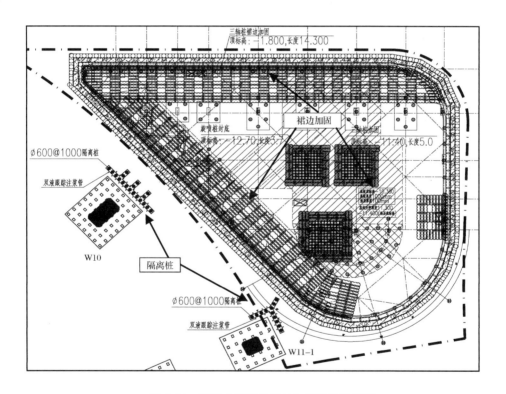

图 3.21　环卫大楼基坑开挖加固措施示意图

为研究设置隔离桩及裙边加固对于环卫大楼基坑及紧邻南浦大桥的加固效果,分别设置无加固措施、仅设置隔离桩、仅设置裙边加固、设置隔离桩与裙边加固四种工况,具体分析隔离桩及裙边加固对于基坑与紧邻桥梁结构的保护程度。数值模拟中加固体及隔离桩的具体参数如表 3.5、表 3.6 所示。

表 3.5　裙边加固加固体计算参数

土层	γ /(kN·m^{-3})	E /kPa	ν	c /kPa	φ /(°)	ψ /(°)	材料模型
加固土	20	200 000	0.35	100	25	0	摩尔-库仑

表 3.6　隔离桩计算参数

结构	γ /(kN·m^{-3})	E /kPa	ν	A /m^2	I_2 /m^4	I_3 /m^4	材料类型	结构类型
隔离桩	25	3×10^7	0.2	0.282 7	0.006 36	0.006 36	弹性	嵌入式梁单元

1. 地连墙侧向位移分析

采取不同的加固措施,开挖至基坑底时地连墙的侧移变化如图 3.22 所示。

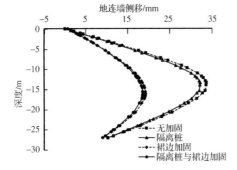

（a）不同加固措施对紧邻桥桩侧地连墙侧移的影响

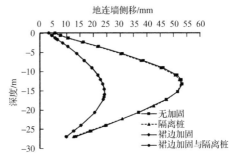

（b）不同加固措施对西北侧地连墙侧移的影响

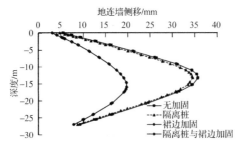

（c）不同加固措施对东北侧地连墙侧移的影响

图 3.22　不同加固措施对基坑地连墙侧移的影响

当在靠近桥梁区域设置隔离桩时,隔离桩使紧邻桥桩侧的地连墙及东北侧地连墙的侧移发展有所减弱,但其总体的减小幅度非常有限,如图3.22(a)、(c)所示。隔离桩的存在对西北侧地连墙的侧移无明显影响,如图3.22(b)所示。

当采用裙边加固措施时,三侧地连墙的侧移值均得到有效控制,靠近桥桩侧地连墙最大侧移值由33.64 mm减小至19.22 mm,减小了42.86%。西北侧地连墙最大侧移值由52.74 mm减小至23.98 mm,减小了54.53%。东北侧地连墙的最大侧移值由35.57 mm减小至19.76 mm,减小了44.45%。三侧地连墙此时的最大侧移均满足基坑开挖时的环境保护要求,可见裙边加固对地连墙侧移控制效果较为理想。

采用裙边加固和隔离桩的组合加固措施时,其对于地连墙侧移的控制效果约等于单独设置裙边加固或隔离桩与裙边加固总和的控制效果。在裙边加固的基础上增加隔离桩,使得靠近桥桩一侧的地连墙侧移值有较小幅度的减弱,其余两侧的地连墙侧移并无明显变化。总体而言,裙边加固对于地连墙侧移控制效果较好,隔离桩对于地连墙变形的控制效果则没那么明显。

2. 基坑外土体沉降变形变化分析

采取不同加固措施开挖至基坑底时基坑外地表土体代表性沉降值如表3.7所示。选取紧邻桥桩侧区域土体绘制,其沉降变形曲线如图3.23所示。在紧邻桥梁侧设置隔离桩使得该区域土体的最大沉降值也减小了,此时隔离桩对其他两侧地连墙处的基坑外地表沉降影响较小。采用裙边加固可明显改善基坑周围的基坑外地表沉降变形,分别使紧邻桥桩侧区域、西北侧区域、东北侧区域

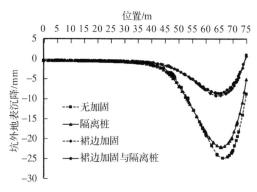

图3.23 不同加固措施对紧邻桥桩侧基坑外土体沉降的影响

的基坑外地表沉降最大值减小了 62.85%、61.06% 及 59.65%,使得基坑周围地表沉降变形均能满足周边环境保护要求,加固效果较好。采用裙边加固及隔离桩的联合加固方案时,紧邻桥桩侧区域的沉降变形进一步得到控制,此时,基坑外地表沉降最大值减小了约 2/3。其余两侧的坑外地表沉降则与仅采用裙边加固时相差不大。总体而言,裙边加固对于基坑周围土体沉降变形的控制效果较好。

表 3.7   不同加固措施下基坑外地表土体代表性沉降值   mm

工况	无加固	隔离桩	裙边加固	隔离桩与裙边加固
紧邻桥桩侧沉降	24.9	22.17	9.25	8.65
西北侧沉降	41.01	40.59	15.97	16.05
东北侧沉降	25.68	25.38	10.36	10.41

3. 桥桩承台变形、桩基侧移和内力变化

不同加固措施下桥桩承台的侧移、沉降及倾斜变形数值如表 3.8 所示。在桥桩承台一侧设置隔离桩对桥梁承台的沉降变形有一定的控制作用,距离基坑较近的 W10 桥墩及 W11-1 桥墩承台沉降值分别减小了 25.60%、27.97%。但隔离桩对紧邻的桥梁承台侧移变形存在负面效应,使得 W10 桥墩、W11-1 桥墩及 W11-2 桥墩承台的侧移值分别增加了 13.36%、14.21% 与 11.29%。裙边加固对承台的变形控制能力较强,紧邻桥墩承台的沉降变形均得到较好控制,W10 桥墩、W11-1 桥墩承台的侧移值分别降低了 44.60%、20.77%。W11-2桥墩由于与基坑距离稍大,基坑开挖及加固措施设置对其承台变形的影响程度则较小。当采用裙边加固与隔离桩的组合加固方案时,可对紧邻桥梁承台的沉降变形进一步控制。而隔离桩对承台侧移的负面效应使组合加固方案对桥梁承台侧移变形的控制效果有所削弱。

表 3.8   不同加固措施下桥梁承台变形的数值   mm

承台变形		无加固	隔离桩	裙边加固	隔离桩与裙边加固
W10	最大侧移	7.78	8.82	4.31	4.34
	最大沉降	2.07	1.54	0.43	0.37
	倾斜率/‰	0.18	0.13	0.09	0.09

承台变形		无加固	隔离桩	裙边加固	隔离桩与裙边加固
W11-1	最大侧移	5.49	6.27	4.35	4.46
	最大沉降	1.67	1.21	0.61	0.57
	倾斜率‰	0.19	0.11	0.11	0.12
W11-2	最大侧移	2.48	2.76	2.2	2.31
	最大沉降	1.09	0.46	0.23	0.28
	倾斜率‰	0.03	0.05	0.03	0.03

为考虑不同加固措施对于紧邻桥梁桩基的影响,选取三组桥墩中具有代表性的桩基,分析不同加固方案对桩基内力和变形的影响机理。不同加固方案对相应桥梁桩基侧移如图 3.24—图 3.26 所示。仅设置隔离桩加固时,隔离桩的

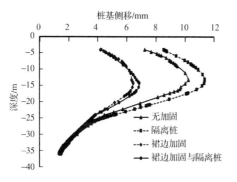

图 3.24　不同加固措施对 W10 桥梁桩基侧移的影响

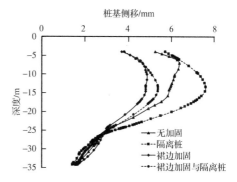

图 3.25　不同加固措施对 W11-1 桥梁桩基侧移的影响

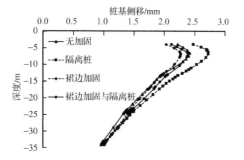

图 3.26　不同加固措施对 W11-2 桥梁桩基侧移的影响

牵引作用使得桥桩中上部的侧移变形有一定幅度的增加。W10 桥桩的最大侧移值增加了 10.67%，最大侧移产生位置基本无变化；W11-1 桥桩的最大侧移值增加了 18.90%，最大侧移产生位置下移。裙边加固对于桥梁桩基的侧移变形控制能力较强，W10 桥桩的最大侧移由 10.22 mm 减小为 6.44 mm，W11-1 桥桩的最大侧移值由 6.34 mm 减少为 4.83 mm，其最大侧移分别减少了 36.98% 及 23.82%。同时采用裙边加固与隔离桩时，W10 桥桩及 W11-1 桥桩上部的变形较仅采取裙边加固时有较小幅度的减小，但隔离桩的牵引作用使桥桩的中部侧移有所增加，整体对桩基侧移的控制效果不及裙边加固。

采取不同加固措施时紧邻桥梁桩基的内力值如表 3.9 所示。隔离桩和裙边加固均能有效减小桩基的附加弯矩和剪力值，保证桩基在基坑开挖过程中的安全性。

表 3.9　不同加固措施下紧邻桥梁桩基的内力值

桩基内力		无加固	隔离桩	裙边加固	隔离桩与裙边加固
W10	弯矩/(kN·m)	42.29	17.83	17.36	19.15
	剪力/kN	47.17	42.04	29.21	26.98
W11-1	弯矩/(kN·m)	17.45	15.49	10.87	7.86
	剪力/kN	48.95	31.26	28.56	19.78
W11-2	弯矩/(kN·m)	4.83	5.80	4.88	3.12
	剪力/kN	9.82	10.51	9.19	10.54

3.3　桥墩保护施工控制技术

由上述分析可知，原有的加固方案中隔离桩的存在仅对紧邻桥桩侧地连墙侧移及坑外土体沉降有一定的控制作用。由于隔离桩的牵引作用，使承台侧移及桥桩侧移值有小幅度增加，设置隔离桩对其反而存在负面效应，加固效果较为有限。同时设计中采用的裙边加固区域为第一道支撑到基坑底以下 5 m 处，加固范围较大，经济成本相对较高，不利于项目的造价控制。故需对当前的加固方案做适当优化，保证经济适用性的同时提高其加固效果。

3.3.1 隔离桩埋入式布置

前文提到,隔离桩采取埋入式布置形式可降低其牵引作用对桥桩侧移的负面影响,使得隔离桩对桥桩侧移有一定的控制作用。故在对当前加固方案优化时,考虑将隔离桩埋入式布置,探究此时对桥桩承台及桩基的保护效果。采用三维有限元建模分析,设置隔离桩埋深深度为 0 m、5 m、10 m 及 15 m 四种工况,与原有隔离桩的加固效果进行对比分析。由于隔离桩对地连墙及 W11-2 桥墩的整体影响较小,在分析隔离桩埋入式布置的加固效果时,仅对 W10 桥墩、W11-1 桥墩承台及桩基的变形进行对比分析。

不同隔离桩的埋设深度下桥梁承台的变形值如表 3.10 所示。当隔离桩未采取埋入式布置(埋设深度 0 m)时,隔离桩仅对承台的沉降变形和倾斜有一定的控制作用,对承台的侧移变化存在负面影响。当隔离桩埋入深度为 5 m 时,设置隔离桩对承台侧移的负面效应已基本消失。随着隔离桩埋入深度的增加,隔离桩对承台侧移的影响逐渐转变为积极效应,控制效果逐步被改善。当隔离桩埋入深度由 10 m 增加至 15 m 时,隔离桩对承台变形的改善幅度则相对较小。当隔离桩的埋设深度为 15 m 时,隔离桩使 W10 承台的侧移和沉降变形分别减小了 16.32% 及 68.12%,使得 W11-1 承台的侧移和沉降变形分别减小了 11.84% 及 53.29%。可见,隔离桩对承台的沉降变形控制能力更强。

表 3.10 不同隔离桩的埋设深度下桥梁承台的变形值

隔离桩埋入深度		无加固	0 m	5 m	10 m	15 m
W10	侧移/mm	7.78	8.82	7.80	6.69	6.51
	沉降/mm	2.07	1.54	1.23	0.78	0.66
	倾斜率/‰	0.18	0.13	0.08	0.06	0.05
W11-1	侧移/mm	5.49	6.27	5.50	4.98	4.84
	沉降/mm	1.67	1.21	1.05	0.82	0.78
	倾斜率/‰	0.19	0.11	0.10	0.11	0.10

隔离桩采取埋入式布置时,不同的埋入深度对紧邻桥桩的侧移影响如图 3.27—图 3.28 所示。整体而言,隔离桩埋入式布置可明显削弱其对桥桩中

部的牵引作用,使桥桩的最大侧移值得到控制。但需注意的是,隔离桩埋入式布置使得其牵引区域有所下移,使桥桩下部的侧移值有较小幅度的增加。

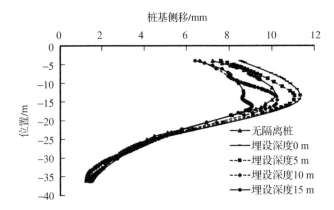

图 3.27　隔离桩埋入式布置对 W10 桥桩侧移的影响

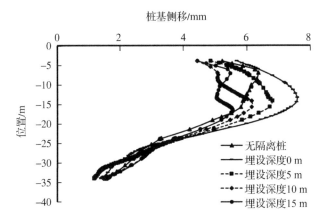

图 3.28　隔离桩埋入式布置对 W11-1 桥桩侧移的影响

对于 W10 桥桩而言,当隔离桩的埋入深度增加至 10 m 时,隔离桩对桥桩的负面效应已基本消除,隔离桩对桥桩上部的侧移有明显的控制作用,桥桩侧移最大值与未采取隔离桩加固时基本相同,桥桩下部的侧移有较小幅度增加。隔离桩的埋入深度增加至 15 m 时,隔离桩对桥桩整体侧移均有一定的控制作用,对桥桩上部的侧移发展控制尤为明显。桥桩侧移最大值由 10.22 mm 减小至 9.07 mm,减小了 11.25%,最大侧移产生位置有所下移。

隔离桩埋入式布置对 W11-1 桥桩的影响规律与 W10 桥桩类似。随着隔离桩埋设深度的增加,隔离桩对桥桩侧移的负面作用逐渐弱化。隔离桩埋设深度为 5 m 时,隔离桩对桥桩上部的侧移有一定的控制作用。埋设深度增加到 10 m 时,隔离桩对桥桩上部侧移变形的控制能力进一步加强,此时桥桩侧移最大值相对于未设置隔离桩时有所减小,产生位置亦有所下移。隔离桩埋设深度增加至 15 m 时,桥桩最大侧移由 6.35 mm 减小至 5.56 mm,减小了 12.44%。此时桥桩中部的侧移值进一步减小,但桥桩上部的侧移控制有所回升,这是由于 W11-1 桥桩的最大侧移发生在桥桩上部,当隔离桩埋设深度较大时,隔离桩对于桥桩上部侧移的控制能力有所减弱。

上述对隔离桩的优化并未考虑隔离桩长度的影响,只单纯改变隔离桩桩顶的埋入深度。当隔离桩埋入深度为 15 m 时,隔离桩对承台变形及桥桩侧移变形的控制能力最好。为进一步对隔离桩的长度进行优化,固定隔离桩的埋入深度为 15 m,然后改变隔离桩的桩长,桩长分别为 15 m、20 m 以及 25 m,探究隔离桩桩长优化的机理。

埋入式隔离桩桩长改变时桥桩承台变形的影响值如表 3.11 所示。当隔离桩埋入深度固定时,隔离桩桩长增加使得隔离桩对于承台变形的控制能力增强,但桩长由 20 m 增加至 25 m 时,承台变形减小的幅度较小,整体而言加固优化程度无明显变化。

表 3.11　埋入式隔离桩桩长改变时对桥桩承台变形的影响值

埋入式隔离桩桩长		无加固	15 m	20 m	25 m
W10	侧移/mm	7.78	7.28	6.70	6.51
	沉降/mm	2.07	1.39	0.85	0.66
	倾斜率/‰	0.18	0.11	0.07	0.05
W11-1	侧移/mm	5.49	5.43	4.95	4.84
	沉降/mm	1.67	1.18	0.83	0.78
	倾斜率/‰	0.19	0.13	0.10	0.10

埋入式隔离桩桩长变化对桥桩侧移的影响如图 3.29、图 3.30 所示。随着隔离桩长度的增加,桩基的侧移值逐渐减小。隔离桩长度由 20 m 增加至 25 m

时,桩基侧移减小则没那么明显。结合隔离桩桩长改变对承台变形及桩基侧移的影响规律,可发现隔离桩埋入深度固定时,隔离桩桩长为 20 m 及 25 m 的加固效果基本相同。

在工程实践中,考虑到施工的便捷性及经济成本,可将隔离桩桩长调整为 20 m。此时,W10 桥桩承台的侧移和沉降分别减少了 13.88%、58.94%,桥桩的最大侧移值也减小了。W11-1 桥桩承台的侧移和沉降分别减小了 9.84%、50.30%,桥桩的最大侧移值也减小了。

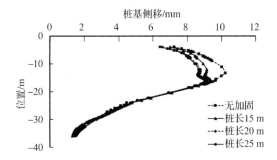

图 3.29　埋入式隔离桩桩长变化对 W10 桥桩侧移的影响

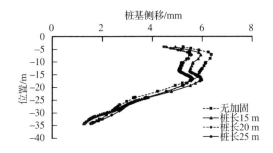

图 3.30　埋入式隔离桩桩长变化对 W11-1 桥桩侧移的影响

3.3.2　裙边加固区域调整

现有的裙边加固区域为第一道支撑至基坑底以下 5 m 处,基坑开挖过程中会将第一道支撑与基坑底间的加固土体移除,造成不必要的材料浪费,同时对其加固效果有一定的影响。为加强裙边加固的加固效果,考虑将裙边加固体的顶部设置在基坑底,设置加固基坑底以下深度分别为 5 m、6 m、8 m 等三种工况,原有的裙边加固方案为工况 A,加固基坑底以下深度为 5 m、6 m、8 m 对应的工况分别为工况 B、工况 C 和工况 D。对比分析不同裙边加固布置的加固效果差异。

裙边加固区域改变对基坑地连墙侧移及基坑外地表土体沉降的影响如表 3.12、表 3.13 所示。工况 B 中,裙边加固的加固区域仅为基坑底至基坑底以下 5 m 处,相对于原有的裙边加固方案,加固体体积减小了约 65.03%,但其对地连墙侧移及基坑外地表沉降的控制效果稍弱于原有裙边加固方案,但总体相差不大。工况 C,即当裙边加固的加固区域增加至基坑底 6 m 处时,加固体对地连墙侧移的控制已优于原有加固方案。此时加固体对三侧地连墙的侧移控制分别达到了 44.98%、58.02% 及 47.68%。工况 D,即当加固区域增加至坑底 8 m 处时,基坑地连墙侧移值和基坑外地表沉降值继续减小,但减小幅度有所降低。从表 3.13 可看出,裙边加固区域对基坑外地表沉降的影响也是如此。

从基坑的环境保护要求角度考虑,当裙边加固体的顶面设于基坑底时,加固体的高度为 6 m 时即可满足地连墙侧移及基坑外地表沉降变形的容许值。

表 3.12 裙边加固区域改变对基坑地连墙侧移的影响 mm

裙边加固工况	无裙边加固	工况 A	工况 B	工况 C	工况 D
紧邻桥桩侧地连墙侧移	33.64	19.22	20.77	18.51	17.66
西北侧地连墙侧移	52.74	23.98	25.62	22.14	20.54
东北侧地连墙侧移	35.57	19.76	20.99	18.61	17.52

表 3.13 裙边加固区域改变对基坑外地表土体沉降的影响 mm

裙边加固工况	无裙边加固	工况 A	工况 B	工况 C	工况 D
紧邻桥桩侧地连墙侧移	24.90	9.251	11.41	9.57	8.65
西北侧地连墙侧移	41.01	15.97	17.72	14.94	13.65
东北侧地连墙侧移	25.68	10.36	11.63	9.89	9.111

裙边加固区域变化所对应的桥桩承台变形如表 3.14 所示。通过分析可知,裙边加固对桥梁承台的加固效果较好。原有加固方案对桥桩承台的侧移控制效果最好,当加固体顶面设置在基坑底处时,随着加固深度的增加,其对承台侧移值的控制效果逐渐改善,但总体仍弱于原有加固方案。同时,加固体完全

位于基坑底以下时,加固深度的增加使得其对于桩基承台沉降变形控制能力有所增强。当加固深度为 8 m 时,W10 桥梁承台的侧移和沉降变形分别减小了 43.32%、86.47%,W11-1 桥梁承台的侧移和沉降变形分别减小了 20.76%、65.87%。

表 3.14　裙边加固区域变化所对应的桥桩承台变形

裙边加固工况		无裙边加固	工况 A	工况 B	工况 C	工况 D
W10	侧移/mm	7.78	4.31	4.93	4.61	4.41
	沉降/mm	2.07	0.43	0.57	0.41	0.28
	倾斜率/%	0.18	0.09	0.09	0.08	0.08
W11-1	侧移/mm	5.49	4.35	4.59	4.44	4.35
	沉降/mm	1.67	0.61	0.70	0.62	0.57
	倾斜率/%	0.19	0.11	0.12	0.12	0.12

裙边加固区域变化对桥桩侧移的影响如图 3.31、图 3.32 所示。从整体来看,裙边加固均能有效控制桥桩的侧移发展。对于 W10 桥桩而言,将原有裙边加固方案调整为仅加固基坑底下 5 m 区域时,桥桩侧移分布形态未有明显变化,其上部侧移值有所增加,其中侧移最大值由 6.44 mm 增加至 6.88 mm,加固效果损失了 6.83%。随着基坑底加固区域深度的增加,加固体对桥桩侧移的控制能力逐渐增强,桥桩最大侧移产生位置逐渐上移。加固深度增加至 8 m 时,其加固效果与原有加固方案已基本相同,桥桩侧移最大值为 6.39 mm,最大侧移产生位置在离桩头 8 m 处。此时加固体的埋设深度较大,对于桩基中

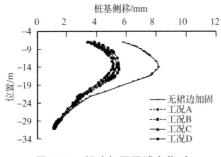

图 3.31　裙边加固区域变化对 W10 桥桩侧移的影响

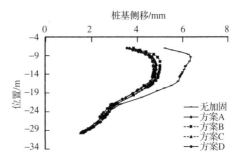

图 3.32　裙边加固区域变化对 W11-1 桥桩侧移的影响

下部侧移的控制能力较好。

对于 W11-1 桥桩而言，裙边加固区域调整为仅加固坑底以下 6 m 区域即可达到与原裙边加固方案同等的加固效果。裙边加固深度增加对桥桩侧移控制的增强则没那么明显。

由裙边加固区域改变对基坑地连墙侧移、基坑外地表沉降、桥梁承台及桩基侧移的影响可知，裙边加固整体的加固效果较好，去除原有加固方案中基坑底以上加固区域使加固体的加固效果有较小程度损失，通过增加基坑底加固的加固深度即可增加加固体的加固能力。当裙边加固方案调整为加固基坑底以下 6 m 区域土体时，即可满足基坑周边环境保护要求的变形限值。此时加固体对于桥梁承台及桩基侧移的保护效果也较为理想，因此建议将裙边加固方案调整为仅加固基坑底以下 6 m 区域土体。

3.3.3 组合加固方案的优化

结合上文对隔离桩及裙边加固方案的优化可知，将隔离桩埋入式布置，调整裙边加固区域，可以在保证加固效果的同时降低工程造价。为进一步增强对基坑及紧邻桥梁的加固效果，将优化后的隔离桩及裙边加固布置形式相结合，与原有的组合加固方案进行对比分析，探究优化后组合加固方案的加固效果。

不同的加固方案对基坑地连墙侧移及基坑外地表沉降的影响值如表 3.15 所示。可见，优化后的组合加固方案对地连墙侧移及基坑外地表沉降变形的控制能力进一步增强。不同的加固方案对桥桩承台变形的影响如表 3.16 所示。对原有的组合加固方案进行优化后，加固方案对桥梁承台的变形加固效果得到进一步改善，仅有 W10 桩基承台侧移值出现较小幅度增加。

表 3.15　不同的加固方案对基坑地连墙侧移及基坑外地表沉降的影响值　　mm

加固方案		无加固	原有加固方案	优化组合加固方案
地连墙侧移	紧邻桥桩侧	33.64	18.66	17.57
	西北侧	52.74	23.98	22.62
	东北侧	35.57	19.77	19.58

（续表）

加固方案		无加固	原有加固方案	优化组合加固方案
基坑外地表沉降	紧邻桥桩侧	24.90	8.65	8.55
	西北侧	41.01	16.05	13.40
	东北侧	25.68	10.41	8.82

表 3.16　不同的加固方案对桥桩承台变形的影响

裙边加固工况		无裙边加固	原有加固方案	优化组合加固方案
W10	侧移/mm	7.78	4.34	4.45
	沉降/mm	2.07	0.37	0.23
	倾斜率/%	0.18	0.09	0.1
W11-1	侧移/mm	5.49	4.46	4.17
	沉降/mm	1.67	0.58	0.46
	倾斜率/%	0.19	0.12	0.14
W11-2	侧移/mm	2.48	2.31	2.25
	沉降/mm	1.09	0.28	0.27
	倾斜率/%	0.03	0.03	0.03

　　不同加固方案对紧邻三组桥桩的侧移影响规律如图 3.33—图 3.35 所示。对于 W10 桥桩而言,对原有的加固方案进行优化,使 W10 桥桩中部的侧移得到较好控制,侧移最大值由 6.86 mm 减小到 6.29 mm,加固效果增强了 8.31%。

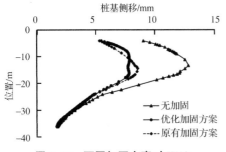

图 3.33　不同加固方案对 W10
桥桩侧移的影响

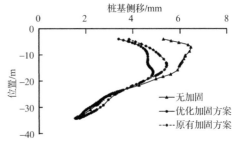

图 3.34　不同加固方案对 W11-1
桥桩侧移的影响

86

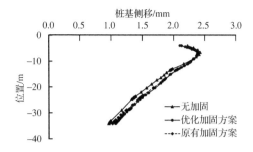

图 3.35 不同加固方案对 W11-2 桥桩侧移的影响

桥桩上部的侧移值有所增加,这是由于裙边加固的加固位置下移,使得其对于桥桩上部的侧移控制能力减弱。优化加固方案对 W11-1 桥桩侧移控制的改善较为明显,桥桩中上部侧移减小,最大侧移值由 5.35 mm 减少到 4.88 mm,加固效果增强了 8.79%。优化加固方案对 W11-2 桥桩侧移控制作用无明显变化,对于桥桩上部的侧移控制有一定积极作用,使桥桩下部的侧移值有所增加。可见,对原有加固方案进行优化,可以增强加固措施对桥桩侧移的控制作用。

优化加固方案对桥桩内力的影响如表 3.17 所示。加固方案优化前后桥桩内力无明显变化,相对于未加固时桥桩内力则有明显减小。

表 3.17 优化加固方案对桥桩内力的影响

桩基内力		无加固	原有加固方案	优化后的加固方案
W10	弯矩/(kN·m)	42.29	19.15	20.25
	剪力/kN	47.17	26.98	26.89
W11-1	弯矩/(kN·m)	17.45	7.86	10.96
	剪力/kN	48.95	19.78	20.69
W11-2	弯矩/(kN·m)	4.83	3.12	3.80
	剪力/kN	9.82	10.54	8.90

通过对三种方案(无加固措施、优化加固方案、原有加固方案)的加固效果进行对比,可发现优化后的加固方案对地连墙侧移、基坑外地表沉降、桥梁承台变形、桥桩侧移及内力响应的控制能力有所增强。因此对原有加固方案的优化是有效的,在造价控制方面亦有较大的提升。

4 基坑围护设计

环卫大楼因其周边环境的复杂性,设计自 2016 年 6 月开始,至 2020 年 3 月完成,历时 3 年 9 个月。基坑围护设计自 2018 年 3 月开始,历时 2 年,经过 10 轮修改,于 2020 年 3 月完成。通过第 2 章所述的数值模拟及专家评审,基坑围护最终采用地下连续墙+两道混凝土支撑的设计方案。

基坑围护设计的基本概况、工程地质和水文地质条件已在第 1 章详述,此处不再赘述。本章主要阐述基坑围护设计。

4.1 设计依据

4.1.1 相关规范及规程

包括国家标准、行业标准和地方标准。

1. 国家标准

《建筑地基基础设计规范》(GB 50007—2011)

《混凝土结构设计规范》(GB 50010—2010(2015 年版))

《钢结构设计标准》(GB 50017—2017)

2. 行业标准

《建筑基坑支护技术规程》(JGJ 120—2012)

《建筑地基处理技术规范》(JGJ 79—2012)

《建筑基坑工程技术规范》(YB 9258—97)

《软土地基深层搅拌加固技术规程》(YBJ 225—91)

《建筑与市政工程地下水控制技术规范》(JGJ 111—2016)

《型钢水泥搅拌墙技术规程》(JGJ/T 199—2010)

3. 上海标准

《钻孔灌注桩施工规程》(DG/TJ 08-202—2007)

《地基基础设计规范》(DG/TJ 08-11—2010)

《基坑工程施工监测规程》(DG/TJ 08-2001—2016)

《地基处理技术规范》(DG/TJ 08-40—2010)

《基坑工程技术标准》(DG/TJ 08-61—2018)

《岩土工程勘察规范》(DGJ 08-37—2012)

《上海市基坑工程管理办法》、沪建管 946 号文、沪建交 645 号文、沪住建规范〔2019〕4 号、住建部《危险性较大的分部分项工程安全管理规定》。

4.1.2 其他相关资料

除相关规范及规程外,设计依据还包括以下相关资料:环卫大楼地质报告、建筑结构图和水电安装图等相关专业图纸、《轨道交通线路位置标图》、周边道路市政管线资料、南浦大桥相关资料。

4.2 基坑设计方案

4.2.1 基坑设计控制标准及支护方案

基坑北侧紧邻地铁 4 号线及南浦大桥匝道桥桥墩、基坑西侧紧邻南浦大桥浦西引桥段桥墩(W10 及 W11),围护结构最大侧移控制值为 19.80 mm(0.18%H),坑外地表最大沉降控制值为 16.5 mm(0.15%H)。基坑东侧和南侧围护结构最大侧移和坑外地表最大沉降控制值分别为 33 mm(0.3%H)和27.5 mm(0.25%H)。

基坑采用地下连续墙＋两道混凝土支撑的方案。基坑北侧采用 800 mm厚地下连续墙＋两道混凝土支撑,基坑外采用三轴搅拌桩裙边加固;基坑西侧采用 1 000 mm 厚地下连续墙＋两道混凝土支撑,坑内采用三轴搅拌桩裙边加固;基坑东侧采用 800 mm 厚地下连续墙＋两道混凝土支撑,坑内采用三轴搅拌桩墩式加固。

4.2.2 降水专项设计

1. 降水目标

环卫大楼的基坑降水方案,是针对基坑内降水、抽水量及水头标高的控制来合理布置方案,是确保本工程基坑开挖安全和周边管线、建筑物不受损坏的关键。确定以下降水目标:

(1) 根据开挖施工进度降低基坑内地下水位至基坑开挖面以下 0.50～1.00 m,为基坑开挖施工提供良好的施工环境,最终降低至基坑底板以下 1.00 m。

(2) 及时疏干基坑内地下水,防止开挖过程中局部流砂及管涌等不良情况出现,同时方便挖掘机和工人在基坑内施工作业。

(3) 加固基坑底土体,提高基坑底土体强度,从而减少基坑底隆起和围护结构的变形量,防止基坑外地表过量沉降。

(4) 有利于临时边坡稳定,防止滑坡。

根据降水目的,基坑降水设计采用外围止水帷幕加基坑内降水的方式。地下连续墙作为止水帷幕,同时直径 850 mm 三轴搅拌桩也起到止水作用;基坑内采用真空深井降水;坡顶设置一圈临时排水沟及集水井,防止外侧水进入基坑,土方开挖临时留土区坡脚可适当设置排水沟,截留雨水。

2. 降水设计要求

(1) 基坑开挖前 15 天以上进行基坑降水,降水深度最浅处宜控制在开挖面以下 0.5～1.5 m。严格控制最大降水深度,不超过该层基坑开挖面以下1.5 m,基坑超挖处开挖时需保证水位降至局部深坑底 1.0 m 以下。

(2) 降水施工组织方案应根据勘察单位提供的地质报告等资料及相关规定制定,经设计单位认可后方可实施。

(3) 降水单位设置适量的地下水位监测孔,在基坑开挖期间每天上报抽水量及基坑内外地下水位。

(4) 降水井钻孔施工完成后立即洗井,以减少孔底沉渣,孔底沉渣厚度不得大于 0.5 m。

(5) 抽水系统安装完毕后,应进行试抽水,抽出的地下水应肉眼不见泥沙、避免浑浊。除遇特殊情况外,应连续作业。

(6) 若因地下防水帷幕渗漏而引起基坑外水位下降,应控制抽水力度或停抽,并立即采取措施进行防水帷幕修补。

(7) 若出现防水帷幕渗漏时,可采用注浆方式堵漏,注浆液选用水玻璃与水泥的混合液,注浆孔间距 1.0 m,并采用初凝时间短的速凝配方,注浆范围为渗漏上下左右 2.0 m。

(8) 抽水期间应做好记录,遇有情况应立即上报业主及相关单位,及时协商解决。

(9) 基坑内排水沟布置方式由施工单位进行深化。

4.2.3 施工技术要求

施工技术要求包含施工顺序及开挖、地下连续墙施工、三轴搅拌桩施工、围檩及支撑系统施工、立柱桩施工、深井降水技术六个方面的要求。

1. 基坑施工顺序及开挖要求

(1) 施工单位在土方开挖之前必须编制详细的土方开挖施工方案,并提交建设、监理和设计单位审核同意后方可开挖。基坑内土方开挖应严格按照相关规范执行,分层均衡开挖。

(2) 地连墙混凝土达到凝期与设计强度,且降水达到要求后方可开挖。

(3) 对基坑土方开挖要坚持分层、分块、均匀、对称的原则,严禁局部一次到底。分层厚度不大于 2.5 m,防止一次卸载过大而引发工程事故。

(4) 施工单位应结合后浇带的位置及现场情况编制土方外运方案。

(5) 挖土以机械为主,人工为辅,基坑底部 0.3 m 内土体必须用人工开挖。

(6) 挖掘机械不得破坏围护支撑体系,严禁超挖。

(7) 基坑见底后应在 24 h 内施工完成垫层混凝土。

(8) 挖出的土体及时外运,不得堆放在基坑四周。

(9) 注意基坑中土的堆放高度与坡度,施工中要加强监测工作,避免工程桩偏斜、损裂、折断所造成的损失。

(10) 不宜在雨季施工,对施工区域内临时排水系统应做好规划,疏通坡顶排水工程,防止地面水渗入土体,使土方开挖处于赶作业状态。

（11）基坑开挖过程中及基坑暴露过程中应严格控制基坑外地面超载。基坑边缘外 10 m 内不得有大于 10 kPa 的堆载。基坑周边场地道路超载不得大于 20 kPa，道路离基坑边大于 10 m。

（12）基坑开挖见底后，底板均应浇筑至围护边，同时基坑内设置一定数量的集水井，及时排除明水，集水井宜离开基坑边一定距离设置。

（13）围护桩体的施工顺序为：先施工工程桩，后施工围护墙护壁及围护墙，再施工坑内的搅拌桩。施工前进一步探明暗浜范围，暗浜区域三轴搅拌桩水泥掺量提高至 25%。

（14）其他未尽事项按基坑围护设计施工基本要求。

2. 地下连续墙施工要求

（1）导墙形式和分段长度由施工单位根据场地情况及地质条件确定。

（2）成槽和泥浆：为确保槽壁稳定，成槽时在槽壁附近尽可能避免堆载，避免机械设备对槽壁产生的附加应力，并减少震动，新鲜泥浆的比重一般为 $1.05 \sim 1.1$。

（3）地下连续墙接头采用圆形锁口管接头方式。

（4）钢筋笼制作及预埋件埋设：①施工时必须按设计要求配筋，竖向主筋按幅宽计算根数，钢筋间距可适当调整。每一槽段为一套钢筋笼，对钢筋笼应进行整体拼装。②钢筋笼的加强筋和吊点均由施工单位自行决定，必须防止吊装时产生过大变形使钢筋入槽难和碰撞槽壁，在异型槽段中尤应注意这类问题。③为确保主筋保护层厚度，在钢筋笼与土体接触的两侧隔一定距离在主筋上焊接钢垫板，以保证钢筋保护层厚度和钢筋笼的垂直度，地下连续墙的垂直度在基坑深度范围内为 1/300。④钢筋笼考虑整体吊下，钢筋接头全部采用机械连接，在同一断面上连接接头不超过 50%。⑤预埋件和钢筋连接器位置标高应准确。预埋件和钢筋连接器位置标高偏差不大于 ±10 mm。为确保使用时连接器数量足够，质量完好，施工单位应根据不同情况酌情多放 5% 左右连接器，且每一连接器都应质量可靠，丝扣涂油后应加盖密封。

（5）地连墙需按规范进行相关检测，导墙平面定位偏差不大于 10 mm，地连墙深度偏差不大于 100 mm，不允许出现负偏差，沉渣厚度不大于 200 mm。

（6）地连墙内预埋管线位置需结合设备相关施工图深化设计后确定。

（7）墙身混凝土抗压强度试块每 5 个槽段不应少于 1 组，每组 6 件。

3. 三轴搅拌桩施工要求

（1）水泥采用 42.5 级普通硅酸盐水泥。原材料应具有质保书，并进行力学试验。

（2）水泥掺入 20%，水灰比为 1.5～2.0，如有暗浜回填处水泥掺入量增加至 25%。

（3）围护墙体抗渗系数小于 10^{-2} cm/s，28 天无侧限抗压强度大于 0.8 MPa；为提高其早期强度，可掺加适量的外加剂。

（4）三轴搅拌桩就位应对中，平面允许偏差不大于 20 mm，垂直度不大于 1/200，桩底标高误差不大于 50 mm，桩径偏差不大于 10 mm。

（5）正式施工前需经现场试成桩确定施工工艺。

（6）开挖前应按 2% 且不少于 3 根进行钻芯取样，如首次钻芯取样结果离散性较大则按加倍比例重新进行取样。

4. 围檩及支撑系统施工要求

（1）工程圈梁及水平支撑均为钢筋混凝土，混凝土设计强度 C35。

（2）混凝土支撑的施工可适当掺入收缩补偿剂以减少基坑变形。

（3）支撑的截面尺寸允许偏差为 +20 mm、-10 mm，标高允许偏差为 20 mm，轴线定位平面允许偏差 30 mm。

5. 立柱桩（钻孔灌注桩）施工要求

（1）钻孔灌注桩采用水下 C30 混凝土，桩径为 600 mm 和 800 mm 两种。

（2）施工允许偏差：钻孔灌注桩排桩的桩位偏差不应大于 50 mm，桩的垂直度偏差不大于桩长度的 1/200。

（3）桩的主筋保护层厚度为 50 mm。

（4）混凝土充盈系数应不小于 1.0，且不应大于 1.3。

（5）钢筋笼定位钢筋由施工单位确定。

（6）应采用低应变动测法检测桩身完整性，检测桩数不小于 2%，且不得少于 5 根。

6. 深井降水技术要求

基坑开挖前 15 天以上按设计要求进行基坑降水；设计要求见 4.2.2 节。

4.2.4 现场监测内容及要求

环卫大楼施工过程中的监测委托专业监测单位实施。监测单位应根据围护设计图纸和有关规范,编制监测大纲,并报有关单位批准后实施。监测内容和监测要求详见第6章相关内容。

4.2.5 现场应急措施

根据监测结果及时调整土方开挖顺序及开挖速度。当发现基坑位移发展速度过大时,应立即停止开挖,采取有效应急措施(如当环境条件不允许时,可采用基坑内被动区压重(回填土或沙包),基坑周边环境允许时可采用墙后卸土;当基坑变形过大或周边环境条件不允许等危险情况出现时,则采用底板分块施工,阻止变形进一步发展,并及时与设计人员沟通,采取其他补救措施。若基坑坡顶位移超过报警值,应及时与设计单位联系并处理,对围护边线外侧路面的裂缝应及时用水泥浆封堵,防止基坑外的水渗入裂缝中。变形较大处的围护墙体其基坑外应严格限制堆载。施工单位在现场应预备必要的堵漏设备和一些沙包、型钢、钢管、水玻璃和木材等应急材料,以备急需。根据桥梁承台变形监测情况,调整双液注浆管注浆量。

4.3 基坑周边环境安全性评估

采用启明星软件与PLAXIS有限元软件计算,提取基坑北侧、基坑西侧及基坑东侧地铁4号线、南浦大桥、房屋和管线的变形数据。结合控制标准进行环境安全性评估。

4.3.1 基坑北侧环境安全性评估

基坑北侧邻近地铁4号线、南浦大桥匝道桥桥墩及中山南路下管线,选取开挖深度为11.600 m的剖面进行计算分析。地连墙厚度800 mm,设置两道混凝土支撑。基坑开挖边线距离地铁4号线隧道外边线约32 m,地铁4号线上行隧道埋深约11.14 m,下行隧道埋深约20.9 m,隧道直径7.0 m。基坑开挖边线距离南浦大桥匝道桥桥墩约 26.7 m,桥墩承台采用预制桩(400 mm×500 mm 方桩),基础埋深 3.1 m,桩长 29.5 m。该侧道路下埋设有天然气管道、污水管道、供电线、路灯线路等。其中天然气管道直径 300 mm,埋深 1.2 m,距离基坑开挖边线 11.6 m;污水管道直径 1 200 mm,埋深 3.24 m,距离基坑开挖边线 16.3 m。

基坑北侧 PLAXIS 有限元网格划分如图 4.1 所示,计算分析主要结果如表 4.1 所示。

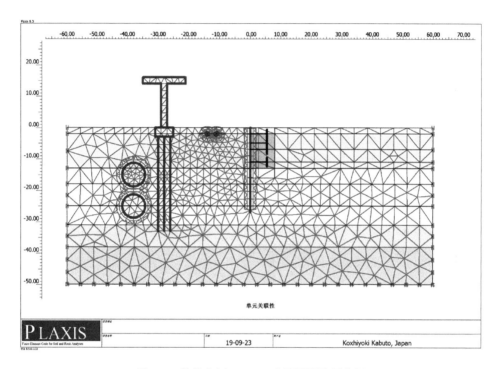

图 4.1 基坑北侧 PLAXIS 有限元网格划分图

表 4.1 基坑北侧计算分析主要结果

基坑计算 启明星软件	整体稳定性 $K=$ 1.77>1.25	墙底抗隆起 $K=$ 3.85>2.0	坑底抗隆起 $K=$ 2.26>1.9	抗倾覆 $K=$ 1.27>1.1	最大位移 20.8 mm	最大弯矩 852.9 kN·m
环境变形 (PLAXIS) 有限元软件	4 号线隧道 0.4 mm	匝道桥墩 0.5 mm	天然气管道 0.6 mm	污水管 10.62 mm	围护墙体 20.21 mm	地表最大沉降 16.0 mm

对比启明星软件和 PLAXIS 有限元软件计算结果,围护墙最大位移分别为 20.8 mm 和 20.21 mm,结果相近,且小于控制要求的 0.15% 开挖深度 (20.88 mm);基坑稳定性和地表沉降均满足相关规范和环卫大楼环境控制要求。

4.3.2 基坑西侧环境安全性评估

基坑西侧紧邻南浦大桥引桥桥墩,选取开挖深度为 11.000 m 的剖面进行计算分析。地连墙厚度 1 000 mm,设置了两道混凝土支撑。基坑开挖边线距离桥墩 W10 地面以上柱外边缘和地面以下承台外边缘最近距离分别为 12.3 m 和 7.8 m,距离桥墩 W11 地面以上柱边缘和地面以下承台外边缘最近距离分别为 11.0 m 和 7.6 m。W10 和 W11 桥墩承台埋深分别为 4.0 m 和 3.3 m。

基坑西侧 PLAXIS 有限元网络划分如图 4.2 所示,计算分析主要结果如表 4.2 所示。

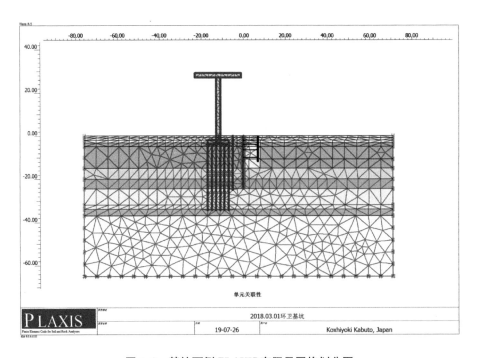

图 4.2 基坑西侧 PLAXIS 有限元网格划分图

表 4.2　基坑西侧计算分析主要结果

基坑计算 启明星软件	整体稳定性 $K=$ $1.89>1.25$	墙底抗隆起 $K=$ $3.91>2.0$	基坑底抗 隆起 $K=$ $2.41>1.9$	抗倾覆 $K=$ $1.6>1.1$	围护墙最大 水平位移 14.8 mm	最大弯矩 878.7 kN·m
环境变形 PLAXIS 有限元软件	W10 和 W11-1 水平位移 4.88 mm 和 4.91 mm		W10 和 W11 垂直位移 2.76 mm 和 2.35 mm		W10 和 W11 倾斜 0.1‰	

对比启明星软件和 PLAXIS 有限元软件计算结果,围护墙最大水平位移为 14.8 mm,且小于控制要求的 0.15% 开挖深度(16.5 mm);南浦大桥引桥桥墩 W10 和 W11-1 的水平和竖向位移均小于 5 mm,满足环卫大楼开挖对桥墩保护的要求;基坑稳定性也满足相关规范。

4.3.3　基坑东侧环境安全性评估

基坑东侧靠近油车码头街有地下管线与既有建筑,选取开挖深度为 11.000 m 的剖面进行计算分析。地连墙厚度 800 mm,设置两道混凝土支撑,该侧道路下埋设有雨水管,雨水管直径 600 mm,埋深 1.59 m,距离基坑开挖边线 18.0 m;既有建筑为两层砌体结构,天然基础,距离基坑开挖边线约 21 m。基坑东侧 PLAXIS 有限元网络划分如图 4.3 所示。

现有两层砌体结构和雨水管最大变形分别为 5.56 mm 和 7.0 mm,满足安全性要求。

通过环卫大楼安全性评估的概念设计、计算分析及类似工程实践,采取桥墩隔离保护、地连墙围护＋两道混凝土支撑、三轴搅拌桩止水和被动区加固、降水等措施,通过科学管理、精心设计、合理组织信息化施工,环卫大楼基坑开挖可满足变形控制要求。

4.4　基坑设计计算

环卫大楼基坑计算分为剖面验算、支撑体系计算两大部分内容。

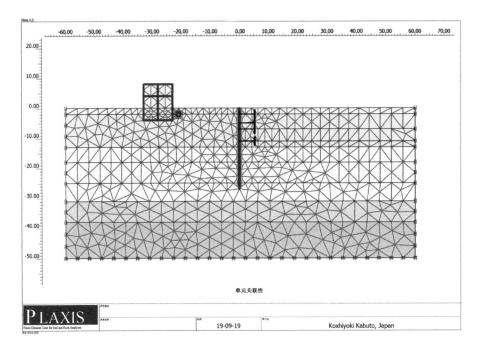

图 4.3　基坑东侧 PLAXIS 有限元网格划分图

4.4.1　基坑剖面验算

基坑设计深度 11.6 m,基坑安全等级为二级。基坑剖面计算图和工况示意分别如图 4.4、图 4.5 所示。

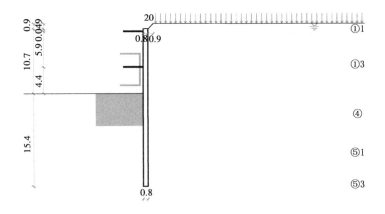

图 4.4　基坑剖面计算图

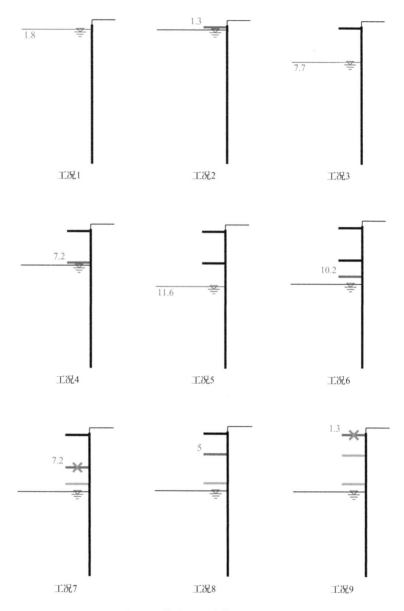

图 4.5 基坑剖面计算工况示意图

土层参数、坑内加固参数、支撑计算参数数值如表 4.3—表 4.5 所示。地面堆载设为 20 kPa,地连墙嵌入深度为 15.4 m,混凝土等级为 C30,地连墙厚为

99

800 mm,支撑刚度取 150 MN/m²,采用水土分算方法进行计算。

表4.3　土层参数数值

编号	土层名称	厚度/m	重度/(kN·m⁻³)	c/kPa	Φ/(°)	c'/kPa	Φ'/(°)	m/(MPa·m⁻²)
①1	填土	1.8	18.1	5	10	5	10	2
①3	黏质粉土	10.7	18.4	5	31	5	11	2
④	淤泥质黏土	5.3	16.9	14	11.5	14	11.5	1.7
⑤1	黏土	7.2	18	17	13.5	17	13.5	2.5
⑤3	粉质黏土	6	18.5	17	19.5	17	19.5	4

表4.4　坑内加固参数数值

编号	深度/m	厚度/m	宽度/m	重度/(kN·m⁻³)	c/kPa	Φ/(°)	m/(MPa·m⁻²)
1	1.065	0.195	8.05	19	19	15	4
2	1.8	10.7	8.05	19	10	35	5
3	12.5	4.5	8.05	19	25	20	4

表4.5　支撑计算参数数值

编号	深度/m	水平间距/m	长度/m	与围檩夹角/(°)	不动点调整系数	截面宽度×高度/mm²
1	1.3	9	40	90	0.5	800×800
2	7.2	9	40	90	0.5	1 000×800

　　地下连续墙变形及内力计算、基坑整体稳定性验算、抗隆起验算和抗倾覆验算结果如图4.6、图4.7所示。

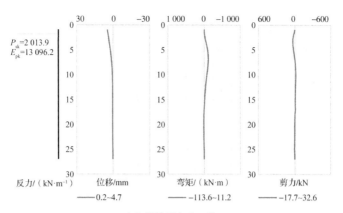

（a）开挖至 1.8 m 处

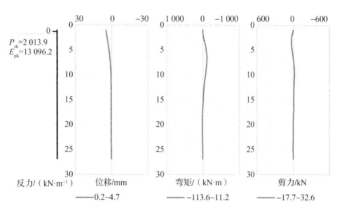

（b）在 1.3 m 处加撑

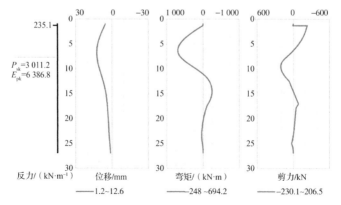

（c）开挖至 7.7 m 处

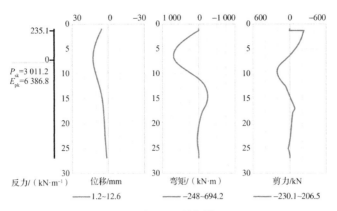

$P_{sk}=3\,011.2$
$E_{pk}=6\,386.8$

反力/（kN·m⁻¹）　　位移/mm　　　弯矩/（kN·m）　　　剪力/kN
　　　　　　　　——1.2~12.6　　　——-248~694.2　　　——-230.1~206.5

（d）在 7.2 m 处加撑

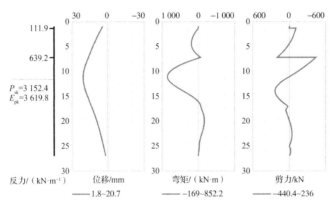

$P_{sk}=3\,152.4$
$E_{pk}=3\,619.8$

反力/（kN·m⁻¹）　　位移/mm　　　弯矩/（kN·m）　　　剪力/kN
　　　　　　　　——1.8~20.7　　　——-169~852.2　　　——-440.4~236

（e）开挖至 11.6 m 处

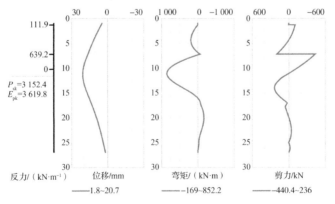

$P_{sk}=3\,152.4$
$E_{pk}=3\,619.8$

反力/（kN·m⁻¹）　　位移/mm　　　弯矩/（kN·m）　　　剪力/kN
　　　　　　　　——1.8~20.7　　　——-169~852.2　　　——-440.4~236

（f）在 10.2 m 处换撑

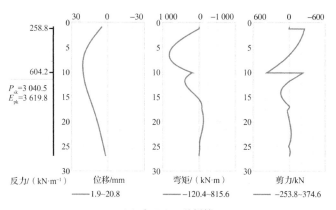

（g）在 7.2 m 处拆撑

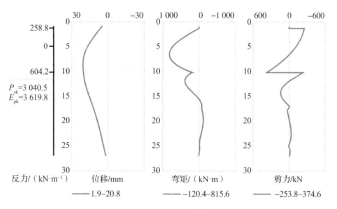

（h）在 5 m 处换撑

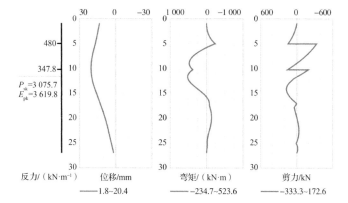

（i）在 1.3 m 处拆撑

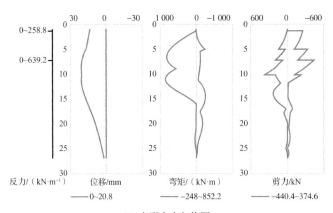

（j）变形内力包络图

图 4.6 地下连续墙变形及内力图

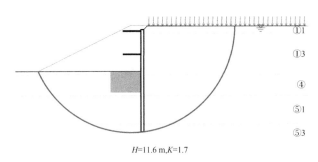

$H=11.6\text{ m},K=1.7$

（a）整体稳定性验算结果

（圆心（$-2.92,-0.19$），半径 27.41 m，滑动力 $2\,972.1\text{ kN/m}$，抗滑力 $5\,062.1\text{ kN/m}$）

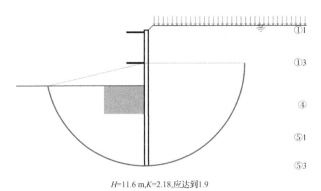

$H=11.6\text{ m},K=2.18$，应达到1.9

（b）抗隆起验算结果

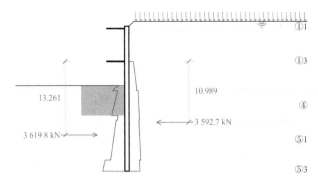

H=11.6 m 倾覆:K=1.22,应达到1.1

(c) 抗倾覆验算

图 4.7 基坑整体稳定性、抗隆起和抗倾覆验算结果

根据图 4.6 计算结果,地下连续墙纵筋和箍筋分别选用 HRB400 级和 HRB300 级,钢筋中心至截面边缘距离为 50 mm,箍筋间最大允许间距为 350 mm,其内力取值及配筋结果如表 4.6 所示。

表 4.6 地下连续墙计算参数及配筋结果

深度/m	弯矩标准值 /(kN·m)	弯矩设计值 /(kN·m)	竖向配筋面积 /mm²	剪力设计值 /kN	水平钢筋面积计算值 /(mm²·m⁻¹)
0~10	908.9	1 136.1	4 508.3	622.6	1 395.6
10~23	935.1	1 168.9	4 638.4	301.5	1 395.6
23~27.1	196.5	245.6	1 600.0	105.9	1 395.6

4.4.2 支撑体系计算

支撑体系计算包括支撑和立柱两部分。两道混凝土支撑位移、内力和配筋计算结果如图 4.8、图 4.9 所示,水平配筋和竖向配筋如图 4.10 所示。换撑稳定性和强度满足要求,立柱反力为两道支撑叠加结果,其强度和稳定性满足要求。

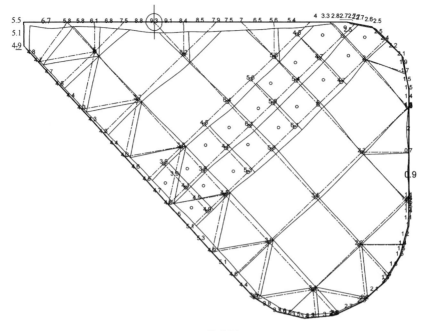

（a）位移图

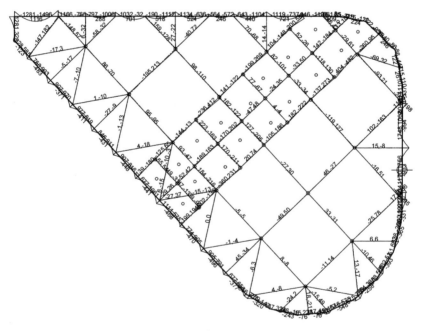

（b）弯矩图

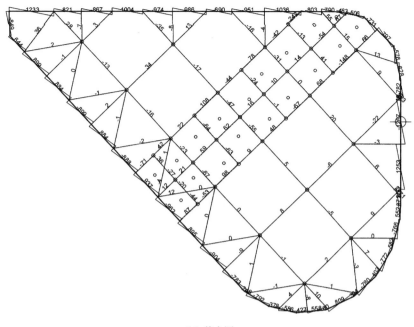

（c）剪力图

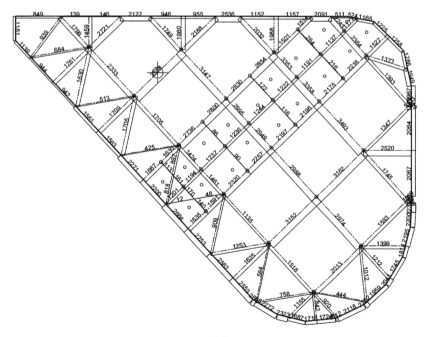

（d）轴力图

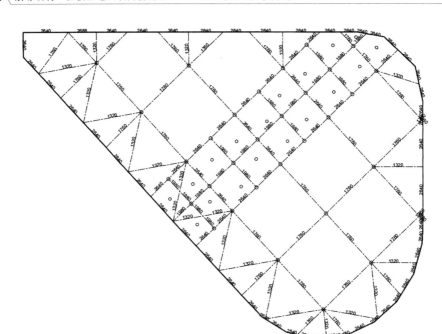

（e）水平配筋图

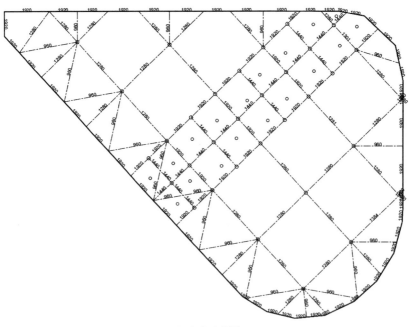

（f）竖向配筋图

图 4.8　混凝土第一道支撑位移、弯矩、剪力和轴力计算结果

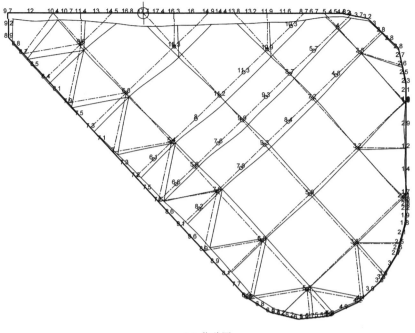

（a）位移图

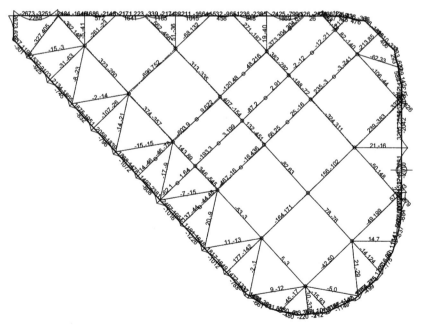

（b）弯矩图

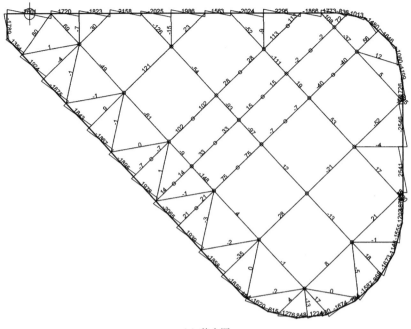

（c）剪力图

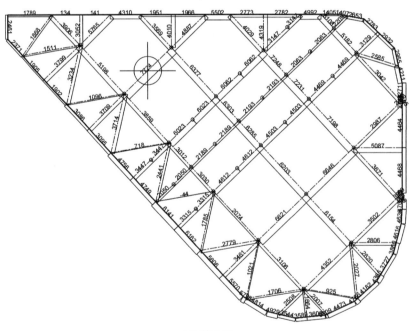

（d）轴力图

图 4.9　混凝土第二道支撑位移、弯矩、剪力和轴力计算结果

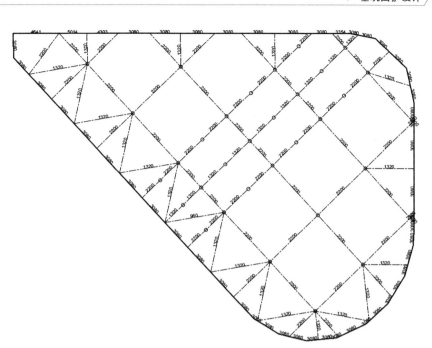

（a）水平配筋

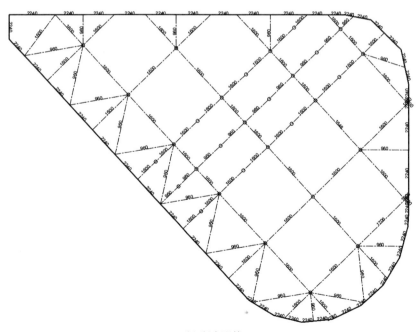

（b）竖向配筋

图 4.10　混凝土支撑配筋计算结果

4.4.3　降水计算

开挖深度 11.00 m 处降水计算,将基坑作为等效半径为 r_0 的非完整井,潜水降水的基坑总涌水量 Q 计算公式为:

$$\begin{cases} Q = \pi k \dfrac{H^2 - h^2}{\ln\left(1 + \dfrac{R}{r_0}\right) + \dfrac{h - l}{l}\ln\left(1 + 0.2\dfrac{h_m}{r_0}\right)} \\ h_m = \dfrac{H + h}{2} \end{cases} \tag{4.1}$$

降水影响半径可按下列公式计算:

$$R = 2s_w\sqrt{kH} \tag{4.2}$$

式中　k——渗透系数(m/d);

　　　H——潜水含水层厚度(m);

　　　s_w——基坑地下水位的设计降深;

　　　R——降水影响半径(m);

　　　r_0——基坑等效半径(m);

　　　A——基坑面积(m^2);

　　　h——潜水含水层厚度与降水幅度之差(m);

　　　h_m——H 与 h 的中间值;

　　　l——过滤器进水部分的长度(m)。

【例题】　某基坑透水层底面深度为 38 m,渗透系数 k 为 0.021 m/d,初始水头埋深为 0.5 m,降水幅度为 14.5 m,井群等效半径 r_0 为 69.1 m;降水影响半径 R 为 25.73 m;井点类型为管井井点,其滤管外径 r_s 为 325 mm,过滤器进水部分的长度 l 为 1.0 m。

试设计降水井布置数量。

【解】　根据已知条件,可知:

$H = 38 - 0.5 = 37.5$ m

$h = H - 14.5 = 37.5 - 14.5 = 23$ m

$$h_{\mathrm{m}} = (H + h)/2 = (37.5 + 23)/2 = 30.25 \text{ m}$$

基坑涌水量为：

$$Q = \pi k \frac{H^2 - h^2}{\ln\left(1 + \dfrac{R}{r_0}\right) + \dfrac{h - l}{l}\ln\left(1 + 0.2\dfrac{h_{\mathrm{m}}}{r_0}\right)}$$

$$= 3.1416 \cdot 0.021 \cdot (37.5^2 - 23^2)/[\ln(1 + 25.73/69.1)$$

$$+ (23 - 1)/1 \cdot \ln(1 + 0.2 \cdot 30.25/69.1)]$$

$$= 26.92 \text{ m}^3/\text{d}$$

单井出水量为：

$$q_0 = 120\pi r_{\mathrm{s}} l^3 \sqrt{k}$$

$$= 120 \times 3.14 \times 0.325 \times 1.0^3 \sqrt{0.021} = 17.75 \text{ m}^3/\text{d}$$

降水井布置数量，每约 200 m² 布置一口真空降水管井，满足施工要求。

5 工程施工重点和难点

在整个施工过程中,"三严四总"始终被贯穿施工全过程。按照工程总进度计划配备充足的劳动力,并根据工程施工的不同阶段和现场实际情况,实现劳动力动态调控,合理投入周转材料,确保工程的进度目标和质量目标的达成。

工程计划开工日期为 2020 年 10 月 10 日,计划竣工日期为 2022 年 10 月 9 日,总工期 730 日历天,其中地下一层施工完成时间为 2021 年 7 月 7 日,工期 271 天。但工程施工期间经历疫情防控,工程竣工时间向后推延。2021 年 12 月 20 日再次开工,南浦大桥 W10 桥墩和 W11 桥墩隔离桩与环卫大楼桩基施工;2022 年 6 月 18 日开始施工水泥土搅拌桩止水帷幕、坑内土体加固和地下连续墙;2022 年 9 月 1 日基坑第一层土开挖,2022 年 10 月 19 日第一层土开挖完成;2022 年 10 月 14 日基坑第二层土才开挖;2022 年 10 月 26 日第二层土开挖完成;2022 年 11 月 14 日第三层土开始开挖;2022 年 11 月 26 日第三层土开挖完成;2022 年 12 月 19 日底板施工完成。基坑工程施工流程如图 5.1 所示。

5.1 工程进度控制

采用建筑信息模型对本项目模拟施工方法进行优化,通过 BIM 模型为施工进度控制减轻了负担。以下是 BIM 技术模拟进度控制流程图(图 5.2)。

本项目施工进度模拟优化主要利用 Navisworks 软件对整个施工工期进度进行模拟(图 5.3),方便现场管理人员及时对部分施工节点进行有效控制。根据 BIM 施工进度模拟系统按指定时间段,对整个工程、WBS 节点或施工段进度计划执行情况的跟踪分析、实际进度与计划进度的对比分析,通过将进度规划与企业实际施工情况对比,调整进度规划值,提高企业进度控制能力,使企业在

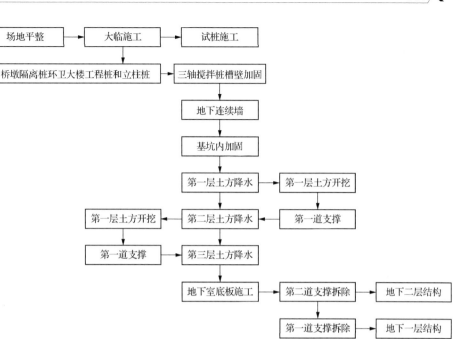

图 5.1 基坑工程施工流程图

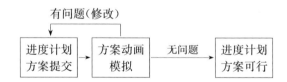

图 5.2 应用 BIM 技术的工程进度控制流程图

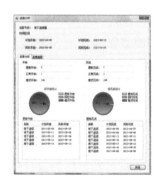 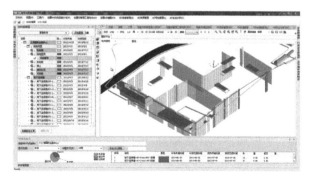

图 5.3 施工进度模拟界面示意

施工进度控制管理工作能全面掌控。当现场施工情况与进度预测对比出现滞后时,通过 BIM 施工进度模拟系统自动分析后续施工任务受到的影响,提醒管理者及时调整并采取针对性进度管控措施,保证工期。利用三维动画对进度计划方案进行模拟,更容易让人理解整个进度计划流程,对于不足的环节可进行修改完善,对于所提出的新方案可再次通过动画模拟进行优化,直至进度计划方案合理可行。

5.2 隔离桩和地下连续墙施工

南浦大桥 W10 桥墩和 W11-1 桥墩的保护措施是采用隔离桩进行隔离。隔离桩被施工完后,再施工地下连续墙。

5.2.1 隔离桩施工

W10 桥墩与 W11-1 桥墩隔离桩平面布置如图 5.4 所示。

1. 基本信息

隔离桩为钻孔灌注桩,直径 600 mm,长 25 m,距离桥墩承台外边缘 1.0 m。两个桥墩布置的隔离桩共 31 根,隔离桩施工流程如图 5.5 所示。

2. 准备施工及测量定位

施工前,由测量人员根据已经建立的工程测量控制网测定桩位并提交监理复核批准。仔细做好钻孔、钻头长度量测工作。在钻杆上标志编号并记录各节长度。钻杆被下放前应复核长度,以保证钻孔深度的准确性。

泥浆循环池由泥浆池和泥浆沟网两部分组成,其中泥浆循环池的容积为施工钻孔桩体积的 2 倍。废浆池根据泥浆外排运输能力确定其体积,沉淀池比泥浆循环池稍大些。

3. 护筒埋设及钻机就位

钢护筒采用 A3 钢并在工厂制作完成。制作的护筒具备足够的刚度和强度,其接缝和接头保证紧密不漏水。钻孔就位后,护筒按预先布置好的设计桩位中心进行埋设,用经纬仪与检定过的钢尺测量护筒,控制中心与桩孔中心偏差小于 1 cm,同时用铅锤与钢尺检查其平面尺寸大小与垂直度偏差情况,

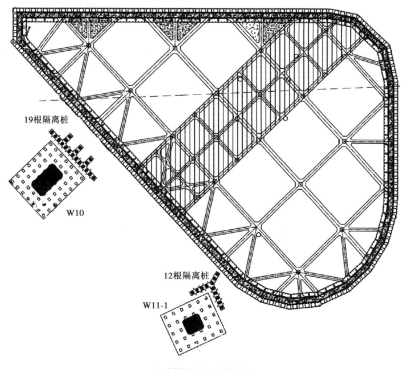

（a）桥墩总平面布置图

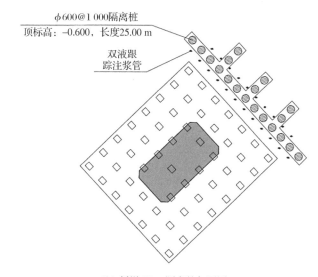

（b）桥墩 W10 隔离桩加固图

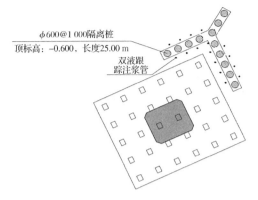

ϕ600@1 000隔离桩
顶标高：-0.600，长度25.00 m

双液跟
踪注浆管

(c) W11-1 桥墩隔离桩加固图

图 5.4　W10 桥墩与 W11-1 桥墩隔离桩平面布置图

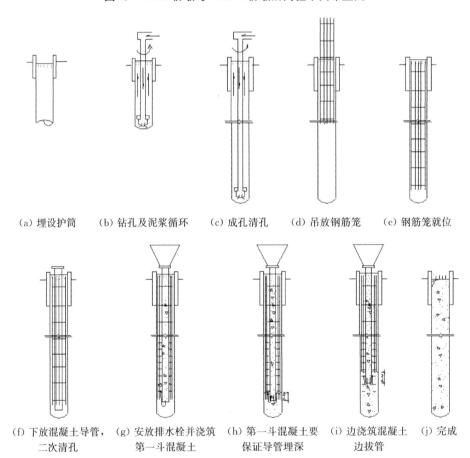

(a) 埋设护筒　　(b) 钻孔及泥浆循环　　(c) 成孔清孔　　(d) 吊放钢筋笼　　(e) 钢筋笼就位

(f) 下放混凝土导管，　(g) 安放排水栓并浇筑　(h) 第一斗混凝土要　(i) 边浇筑混凝土　(j) 完成
　　二次清孔　　　　　　第一斗混凝土　　　　保证导管埋深　　　边拔管

图 5.5　隔离桩施工流程图

各项指标经监理验收都符合标准后方可进行使用。埋设护筒使桩位中心点位于桩孔圆心,开挖护筒坑眼,做好护筒埋设。护筒埋设应使其垂直,四周用黏土填充密实。

4. 成孔施工

成孔施工是整个钻孔灌注桩施工中最关键的工序。其重点为:钻进过程中密切注意桩架的稳定情况、护筒和土体是否有下陷情况,接、拆钻杆时需小心谨慎,每次应仔细检查钻杆接头是否紧密连接。在钻孔前应检查钻头直径,并随时对磨损的钻头进行修补,同时确保钻头直径。

钻机就位并调平,钻机塔架头部滑轮、钻盘中心和桩位中心三点应在一铅垂线上。钻机机身必须牢固,保证施工过程中不移位、不倾斜。在开钻前必须进行满负荷运转。

钻孔采用正循环钻进成孔施工工艺,钻头直径按设计及规范要求或根据试成孔的情况而定。成孔时,严格按照操作规程施工,开孔钻进时要减压低速钻进,保证开孔的垂直度。

根据项目地质特点,合理控制钻速、钻压、钻进速度等参数。一般土层(主要指黏土层)使用Ⅱ档(70转/分),适当减小钻压,加快钻进速度;在特殊情况下(主要指砂层土),使用Ⅰ档(40转/分),适当增加钻压,减慢钻进速度。钻孔中的钻进快与慢、护壁泥浆的性能、指标要根据实际地层的土质情况而变化。在成孔过程中,泥浆循环池的沟网应随时被疏通,定期清理泥浆池灰浆并及时外运。

5. 成孔检查与清孔

试桩前检测桩径是否为 600 mm;成孔后静置不少于 12 h,然后每隔 3～4 h 用超声波进行一次探测,主要探测孔深和孔径的变化。

钻孔完成后,经测量检查达到设计标高并经监理工程师确认,即可进行清孔。清孔时先将钻头提离孔底 10～20 cm,输入泥浆循环清孔。一次清孔结束后,迅速拆除钻杆、钻头,安放钢筋笼后放导管,随后进行二次清孔。

6. 钢筋笼制作

根据定尺钢筋采用分节制作钢筋笼,并预留一定搭接长度,搭接长度满足设计规范要求。在施工现场搭设钢筋笼制作棚,并加工专用钢筋制作架子。为控制保护层厚度,在钢筋笼主筋上,每隔 2 m 设置一组垫块,沿钢筋笼周围对称布置 4 只。钢筋笼主筋连接按设计要求进行,相邻两根主筋接头间距不小于 35d 且不小于 1 000 mm,在同一截面上接头不大于主筋总数的 50%;在焊接过程中应及时清渣。

钢筋笼制作必须在平台上进行,必须保证钢筋笼直径符合设计及规范要求;运输过程中保证钢筋笼身不变形;钢筋笼制作时笼身必须平直;上下节钢筋笼搭接位置预留钢筋必须满足设计及规范要求。

钢筋笼对接时配备多名焊工同时对称施焊,加快焊接速度。钢筋笼孔口焊接采用垂直对中法,上节钢筋笼垂直于下节钢筋笼,钢筋笼应位于桩孔的中心位置,做到上、下节钢筋笼的中心轴线重合。

7. 钢筋笼安放

钢筋笼分节制成,必须由钢筋工班长自检,安放前由质量员会同业主、监理进行验证,并当场进行隐蔽工程验收,未经验收的钢筋笼不得吊放。钢筋笼堆放场地平整,堆放层数不得超过两层,并分别挂牌做好状态标志。为保证钢筋笼的标高符合设计要求,由测量工测定钻机平面标高,由施工员测定焊接吊筋长度。钢筋笼吊放采用汽车吊辅助下放钢筋笼的方法,在孔口焊接完钢筋笼,用吊机吊放至桩孔内设计深度并固定。

钢筋笼安放的重点为:不得强行下放钢筋笼,应缓慢旋转下放钢筋笼,注意垂直居中下放,避免碰撞桩孔土壁;吊筋应牢固,以免钢筋笼坠落;吊筋的长度应根据实测标高计算确定,确保钢筋笼顶标高正确。

8. 导管和声测管安放

导管和声测管均为钢管,其直径分别为 32 mm 和 50 mm,壁厚 3.0 mm。导管连接牢固、封闭严密,导管被吊装前先试拼,并完成水密承压试验,导管试压压力为孔底静水压力的 1.5 倍。按自下而上的顺序标志每节导管长度,上下成直线吊笼,位于桩孔中央,导管底距桩孔底应有 250~400 mm 间距。导管组装后其轴线偏差不超过桩孔深的 0.5% 且不大于 10 cm。

9. 二次清孔

浇筑水下混凝土前,检查孔底沉渣厚度,利用导管进行二次清孔;采用喷射法清孔,对孔底进行高压射水数分钟,使沉淀物漂浮后,立刻浇筑混凝土。

10. 水下混凝土浇筑

采用导管法浇筑水下混凝土，商品混凝土坍落度应控制在 200 mm±20 mm，混凝土初凝时间控制在 6～8 h。该工序重点为：精确计算理论初灌量，保证第一斗混凝土入孔后导管底部埋入混凝土面 1 m 以上；为保证水下混凝土的浇筑质量，导管在使用前应做水密性检验，拆除导管必须按照实测数据，防止因导管拔空而产生断桩现象。

混凝土浇筑前安放好隔水塞和漏斗，导管底口离孔底 30～50 cm，待灌满混凝土，提出隔水塞，漏斗中的混凝土开始被灌下时，立刻向漏斗中继续输送混凝土，以确保混凝土浇灌的连续性，从而保证第一灌混凝土的浇灌量。始灌时间与完孔时间间隔不大于 24 h，与二次清孔验收时间间隔不大于 0.5 h。

开始浇筑混凝土时，初灌量满足规范要求。浇灌混凝土过程中，导管埋入混凝土深度必须保持在 3～10 m 之间，一般尽量控制在 4～6 m，由机长或班长负责测量混凝土上升高度。混凝土应连续浇筑，浇筑完桩的时间不大于 8 h。

导管直径为 250 mm，应勤提勤拆，一次提管宜控制在 5 m 左右，并应控制混凝土液面上升高度，一般浇灌一车混凝土检测 2 次左右，如遇异样，应勤测深度，拆除导管前应根据实测深度控制埋管。

混凝土浇筑前应使泥浆池留存足够的泥浆量，并能及时被外运，以保证混凝土能连续浇灌并防止泥浆外溢。

5.2.2　地下连续墙

1. 基本信息

环卫大楼地下连续墙共计 39 段（图 5.6），地下连续墙厚有 1 000 mm、800 mm 两种类型。有效墙长为 25.4 m、26.5 m、28.2 m。

最重钢筋笼长 28.4 m，有 16.4 吨。地下连续墙混凝土设计强度等级为水下 C30 混凝土，地下连续墙设计抗渗等级为 P6。考虑到施工误差及保证结构的有效净宽，基坑地下连续墙施工时外放尺寸约为 10 cm。地下连续墙施工采用国标级工法："地下连续墙液压抓斗工法"，其数据信息统计见表 5.1。

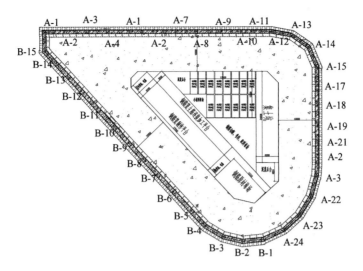

图 5.6　地下连续墙分段示意

表 5.1　地下连续墙数据信息统计表

序号	地下连续墙类型	段数	槽段宽度/m	槽深/m	墙厚/m	接头形式
1	A	8	6.000	27.0	0.8	锁口管
		1	6.295			
		1	5.803			
		2	5.733			
		1	5.717			
		1	5.378			
		1	5.434			
		1	5.000			
		1	4.000			
		1	3.836			
		1	3.307			
		1	3.000			
2	A′	2	6.000	29.8	0.8	锁口管
		1	5.890			
		1	3.922			

（续表）

序号	地下连续墙类型	段数	槽段宽度/m	槽深/m	墙厚/m	接头形式
3	B	6	6.000	27.0	1.0	锁口管
		1	5.907			
		1	5.895			
		1	5.533			
		1	5.411			
		1	5.348			
		1	3.500			
4	B′	3	6.000	28.1	1.0	锁口管

　　地下连续墙施工主要遵循以下步骤（图 5.7）：施工初期测量放线定位墙体施工位置，然后开挖导墙并安置相应的钢筋再通过支模来浇筑导墙；导墙施工完成后开始开挖地下连续墙施工槽段，在槽段施工期间辅助监测槽段的施工质量来确保地下连续墙安装环境符合施工要求。这之后在施工完成后的槽段内吊装钢筋笼，在钢筋笼施工安装过程中保持钢筋笼的垂直状态，确保钢筋笼安装符合施工要求。钢筋笼安装完成后安装打灰架并安装混凝土导管，为混凝土

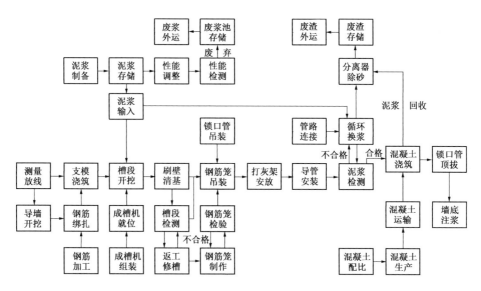

图 5.7　地下连续墙施工流程图

浇筑施工提供条件和前期准备。这之后向各个已经安装好钢筋笼的开挖槽段内进行注浆作业。在所有已经安装好的开挖槽段完成注浆,最后的过程锁口管顶拔管工作结束即完成地连墙施工(图5.8)。

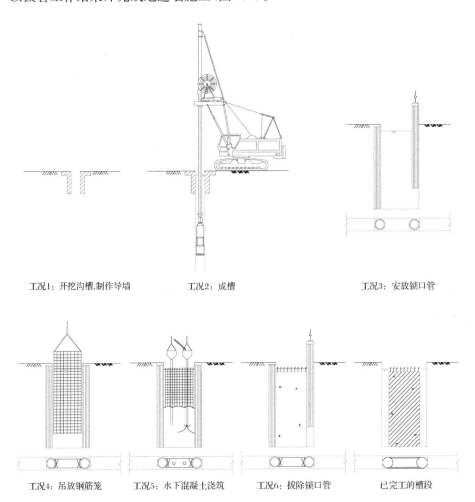

工况1:开挖沟槽,制作导墙　　　　工况2:成槽　　　　工况3:安放锁口管

工况4:吊放钢筋笼　　工况5:水下混凝土浇筑　　工况6:拔除锁口管　　已完工的槽段

图5.8　地下连续墙施工工况图

2. 导墙施工

在地下连续墙成槽前,浇筑导墙。本工程采用倒 ㄱ ㄷ 形的导墙(图5.9),导墙间距按墙宽40 mm,深度1.80 m,墙底为加固土,采用商品混凝土,其强度等级为C30。

（a）导墙钢筋绑扎　　　　　　　　（b）浇筑完成后的导墙

图 5.9　导墙施工现场图

在导墙转角处因成槽机的抓斗呈圆弧形，抓斗的宽度为 3 m，为保证连续墙成槽时能顺利进行以及转角断面完整，转角处导墙需沿轴线外放至少 0.3 m。

1）施工方法

（1）测量放样：根据地下连续墙轴线放出导墙挖土位置。

（2）挖土：测量放样后，采用机械挖土和人工修整相结合的方法开挖导墙沟槽，挖土标高由人工修正控制。

（3）垫层：根据导墙设计宽度，事先加工木模，并注意木模倒角，根据地下连续墙轴线位置固定木模，复核尺寸后方可施工垫层。

（4）立模及浇混凝土：在混凝土垫层面上定出导墙位置，绑扎钢筋。导墙外边采用土胎模，土坡按放坡，内边立钢模 1∶20。

（5）拆模及加撑：混凝土达到一定强度后可以拆模，同时在内墙上分层支撑撑木，防止导墙向内挤压变形，撑木水平间距 1.5 m，上下间距 0.6 m。

（6）施工缝：导墙施工缝是"凹凸"型，混凝土表面应凿毛，使导墙成为整体，达到不渗水的目的，施工缝应与地下连续墙接头位置错开。

2）施工要点

导墙挖土前，需首先确认有无地下管线，然后才可开挖。如遇不明障碍物或地下管线需及时汇报，摸清情况后进行清障及回填。导墙必须坐落于均质土层之上。导墙制模、混凝土浇筑等工序严格按规范施工。导墙混凝土达到一定强度后方可拆模，拆除后应及时设置支撑，确保导墙不移动。导墙混凝土墙顶上，用红漆标明单元槽段的编号；同时测出每段地连墙顶标高，标注在施工图上，以备有据可查。经常观察导墙的间距、整体位移、沉降并作好记录，成槽前做好复测工作。穿过导墙的施工道路，必须使用钢板架空。

3. 成槽施工流程

为了检验实际土层情况对连续墙施工工艺的影响，控制正式成槽施工过程的垂直度、泥浆参数，保证工程实施的连续性，正式施工前应进行试成槽。

（1）试成槽施工应严格按设计图纸和已批准的《施工组织设计》成槽工艺为准，并严格执行。

（2）试成槽检测的内容如下：

① 试成槽应检验地基土层有无影响地下连续墙施工的异常情况，主要检测内容包括：地下障碍情况，如管线、旧基础、有毒气体、人防、孤石等；土层情况与地质报告的差异，重点了解特别软弱的土层、硬土层、砂层等的位置、厚度等，是否有与地质报告描述有严重冲突的土层、构造。

② 泥浆参数检测：

新泥浆配置方法：组分掺加比例的计量方式、掺加顺序、浆液静置对泥浆参数的影响；成槽过程中泥浆黏度、pH 值、比重。

③ 槽壁垂直度检测：使用超声波对试成槽的槽壁垂直度、槽壁坍塌情况观测。

④ 成槽结束后静置时间与槽底沉渣厚度的关系等。

（3）成槽前的准备工作：

① 本工程地下连续墙厚度为 800 mm、1 000 mm 两种，成槽前必须测量导墙顶标高。

② 用红漆标出单元槽段位置、每抓宽度位置、钢筋笼搁置位置、锁口管安放位置，并标出槽段编号。

③ 成槽机（带有垂直度显示仪和强纠偏装置）、自卸车就位。成槽机就位后，纵横两个方向即 X、Y 方向都要进行校正。

④ 拆除单元槽段导墙支撑，并在槽段两侧进行封堵、清除导墙内垃圾杂物，

注入合格泥浆至规定标高(导墙顶面下 30 cm)。

⑤ 成槽开挖宽度：单元槽段成槽前，首次施工先根据本槽段的分段宽度，加上锁口管半径，考虑成槽时左右垂直度的偏差外放施工间隙，则每单元槽段每一端头需外放一定的宽度，这样可保证成槽结束后锁口管和钢筋笼能顺利下放到位。

⑥ 对闭合槽段，应提前复测槽段宽度，根据实际宽度确定钢筋笼宽度。

(4) 成槽工艺。成槽直线槽段采用先两侧后中间的抓法，即三抓成槽法，在宽度不足三抓时，采用两抓成槽法；转角槽段采用先短边后长边抓法；成槽过程中抓斗垂直导墙中心线向下掘进。成槽机掘进速度应控制在 15 m/h 左右，抓斗不宜快速掘进，以防槽壁失稳。当挖至距槽底 2~3 m 时，应放测绳测深，防止超挖和少挖，控制沉渣厚度在 100 mm 以内。成槽至标高后，连接段与闭合段应先刷壁(20 次以上)，然后扫孔，扫孔时抓斗每次移开 50 cm 左右，扫孔结束后采用超声波测壁，地下连续墙槽壁垂直度测试频率为 100%，每个槽段壁垂直度检测不少于 2 个断面。成槽过程中如发现大塌方现象，采用回填黏性土方法，待问题被妥善处理后再继续施工。

施工过程应当先进行试成槽，试成槽时须由第三方进行槽段的垂直度、沉渣厚度、槽壁的稳定性、槽段误差等施工参数的检测，以便核对地质资料，检验设备、施工工艺及技术要求是否适宜。成槽前必须对上道工序进行检查，合格后方能进行下道工序。控制大型机械尽量不在已成槽段边缘行走，确保槽壁稳定，已成槽段实际深度须实测并记录备查。成槽过程中发现泥浆大量流失、地面下陷、挖掘深度无变化等异常现象时不准盲目掘进，需待分析、处理后再继续施工。成槽过程中，泥浆液面应控制在规定的液面高度上。成槽施工时应加强监控，根据钢丝绳沿抓斗厚度、方向定量测量，并做好记录，做到随挖随测，以确保槽段垂直度，发现异常情况及时解决。成槽完毕后，结合泥浆循环的方法进行清底，以确保槽底沉渣不大于 100 mm。

4. 钢筋笼吊装

(1) 钢筋笼制作。根据单元槽段尺寸进行断料、成型，钢筋采用对接形式。主筋连接采用套筒连接(一级接头)，且必须保证连接质量，并在同一截面上的接头数量不应大于主筋总数的 1/2。根据槽段尺寸，把横向筋搬运至平台上，按设计间距放好,再放入纵向钢筋焊牢,要求纵横交叉成直角(空开桁架位置);钢筋被焊好后,将下层的钢筋保护块焊好,进行桁架焊接前将桁架和下层钢筋调成直角;再焊接撑筋、上层钢筋和横向箍筋以及吊点加强处、钢筋笼搁置点等,最后焊接钢筋连接器。焊接质量符合设计要求,严格控制吊点加强处的焊接质量。除结构焊缝满焊及四周钢筋交点需全部点焊之外,为确保钢筋笼在起吊过程中不发生变形、散架等事故,其余钢筋交错点也应全部点焊,吊点处钢筋交叉点应双面点焊。地下连续墙钢筋笼内需埋设测斜管(由专业检测单位确定),采用超声波检测,每个检验槽段预埋 4 个,且宜布置在截面的四边中点,声测管采用 Φ48 冷拔钢管,壁厚 3 mm。钢筋笼制作后须经过检验,符合质量标准要求后方能起吊入槽。

(2)锁口管接头施工要点。本工程地下连续墙采用柔性锁口管接头。槽段清基合格后,立刻吊放锁口管,锁口管在地面拼接后由履带起重机一次吊放,垂直插入槽段内。锁口管的中心应与设计中心线相吻合,底部插入槽底 30～50 cm,以保证密贴,防止混凝土倒灌,上端口与导墙连接处用木榫楔实,防止倾斜。

(3)钢筋笼吊放。钢筋笼吊放采用双机四点抬吊,再回直入槽的施工方法。

(4)钢筋笼吊放施工要点。钢筋笼制作前应核对单元槽段实际宽度与成型钢筋尺寸,无差异才能上平台制作。当钢筋笼被吊放入槽时,不允许强行冲击入槽,同时注意钢筋基坑面与迎土面,严禁放反。搁置点槽钢必须根据实测导墙标高焊接。

5. 水下混凝土浇筑

本工程地下连续墙混凝土施工强度等级为设计强度等级提高一级,地下连续墙接头均为锁口管柔性接头。

(1)浇筑混凝土前的准备工作。检查上道工序后,对连接段、首开槽段进行锁口管吊放拼装,并用顶升架锁定。吊放浇筑架,接导管。当槽段宽度≤4.0 m 时,采用一根导管;当槽段宽度>4.0 m 时,采用两根导管,导管内径为 250 mm,导管口距孔底约为 50 cm,不宜过大或过小。在导管内放入球径为 Φ250 mm 隔水球胆。在槽口吊放泥浆泵,接通泥浆回收管路,直通调整池。

（2）浇筑混凝土工艺。混凝土初灌时应双管同时进行浇筑,每管初灌量不少于 4.5 m³,混凝土供应能力在 36 m³/h 左右,来料应均匀连续,和易性良好,坍落度为 18～22cm,混凝土搅拌车到达现场后,按试块制作计划做好试验试块,抗压试块每 100 m³ 做一组,超过 100 m³ 做二组;每 5 个槽段制作一组抗渗试块,不符合要求的混凝土应退货。球胆浮出泥浆液面后及时回收,以备继续使用,在混凝土开始施工的同时,开动泥浆泵回收泥浆,最后 5 m 左右泥浆如已严重被污染,则抽入废浆池。搅拌车混凝土不断被送入导管内,每浇完 1～2 车混凝土,应对来料混凝土方数和实测槽内混凝土面深度所反映的方数,用测绳校对一次,二者应基本相符,测量数据要完整记录。导管埋管值应控制在 2～3 m,当导管埋管值 4.5 m 左右时,应拆除一节导管。拆除的导管在指定位置冲洗干净,堆放整齐,当混凝土施工不畅通时,可将导管上下提动 30 cm 左右。在离预定计划最后 4 车时,每浇一车测一次混凝土面标高,将最后所需混凝土量通知搅拌站。混凝土浇至标高后方可结束,圈梁中心以上翻浆 300～500 mm 视为劣质混凝土。当开浇第一车混凝土时,应取样做一组试块,当试块达到初凝(手指摁下去留有指印)时(4～5 h),可以提动锁口管,以后每隔 5～10 min 提动一次,提升幅度 30 cm 左右。在混凝土浇灌结束后 2～3 h,用顶升架拔起锁口管,具体根据油泵显示的压力等来控制顶升速度。

混凝土试块养护:在施工现场设养护室,混凝土试块采用标准方法养护,即温度 20℃±2℃,湿度 95％。

5.3　裙边加固

5.3.1　裙边加固基本信息

裙边加固的宽度在基坑北侧和西侧为 8.5 m、深度至坑底 5 m;裙边加固施工采用三轴搅拌桩加固方法,搅拌桩尺寸为 Φ850@600,桩长 16 m,采用一喷一搅、套接一孔的施工工艺。三轴搅拌桩施工流程如图 5.10 所示。

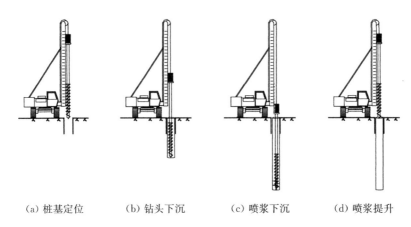

（a）桩基定位　　　（b）钻头下沉　　　（c）喷浆下沉　　　（d）喷浆提升

图 5.10　三轴搅拌桩施工主要流程图

5.3.2　施工参数及施工顺序

三轴搅拌桩的下沉速度为 0.5～0.8 m/min，提升速度小于 1 m/min，垂直度不大于 1/200；水泥掺量、水灰比和泥浆比重分别为 20%（遇暗浜处 25%）、1.5～2.0、1.372，加固土体 28 天凝期后无侧限抗压强度不小于 0.8 MPa。

三轴搅拌桩施工顺序选择适用于标贯 N 值小于 50 土层的套打施工。加固排间距，排内搭接 250 mm，采用单侧挤压方式，施工顺序选用分段、跳排、间隔跳桩，总体分段后留斜茬（作为施工冷缝），各排桩跳排施工，每排桩施工按跳槽式连接顺序及单排咬合式连接方式进行施工，如图 5.11 所示。分段长度以两排桩施工周期长短而定，一般控制在完成的一排搅拌桩强度不影响后续设备正常施工为宜。图中阴影部分为重复套钻，保证墙体搅拌的连续性和接头的施工质量。水泥土搅拌桩的搭接以及施工设备的垂直度补正依靠跳打来保证。

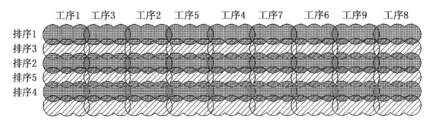

图 5.11　三轴搅拌桩施工顺序

5.4　施工降水

环卫大楼基坑南侧紧邻南浦大桥浦西引桥段,靠近桥墩 W10 及 W11。

5.4.1　基坑稳定性分析

1. 基坑抗突涌原理

随着基坑开挖深度的增加,基坑底部与承压含水层顶板的距离逐渐减小,承压含水层顶板处上覆土压力也随之减小;当基坑开挖到一定深度后,承压含水层上部土压力可能小于含水层中承压水顶托力,导致基坑底部抗突涌稳定性不足,引发基坑底突涌,严重危害基坑安全。基坑以下存在第⑦1层、第⑦2-1层、第⑦2-2层、第⑨层承压含水层,上海市承压含水层最不利水位埋深约为 3 m。基坑下第⑦1层承压含水层层顶绝对标高－24.49 m(参考最浅钻孔)。在开挖过程中,必须有效控制承压水水头埋深,防止基坑底部发生突涌事故,因此,必须进行基坑突涌稳定性分析。

2. 第⑦1层承压水稳定性分析

基坑范围内第⑦1层承压含水层层顶绝对标高－24.49 m,当承压含水层顶板处上覆土压力等于承压水的顶托压力(安全系数为 1.05)时,可计算出临界开挖深度(即需要开始降压的开挖深度),基坑内安全水位按上海市最不利水位埋深取地面以下 3 m 计算,绝对标高为 1.1 m。γ_s(钻孔 C57 下⑦1层顶面至基底面间各分层土层的加权平均重度)取 18.4 kN/m^3,详见表 5.2。

表 5.2　⑦1 层基坑开挖深度与安全水位对应关系表

序号	开挖区域/m	开挖深度/m	安全水位/m	水位降深/m	安全系数
1	临界状态	－9.89	1.1	不需降压	1.05
2	普挖区	－6.9	1.1	不需降压	1.26
3	集水井区域	－8.1	1.1	不许降压	1.18

从表 5.2 可以看出,整个基坑区域都不需要考虑降低第⑦1层水位。基坑开挖过程中,因为承压水水位是高于基坑开挖面的,必须确保降压深井不被破

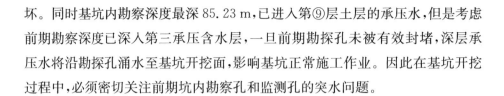

坏。同时基坑内勘察深度最深 85.23 m,已进入第⑨层土层的承压水,但是考虑前期勘察深度已深入第三承压含水层,一旦前期勘探孔未被有效封堵,深层承压水将沿勘探孔涌水至基坑开挖面,影响基坑正常施工作业。因此在基坑开挖过程中,必须密切关注前期坑内勘察孔和监测孔的突水问题。

5.4.2　降水工程目的

工程降水应当降低基坑内开挖土体的含水量,便于基坑开挖的顺利进行。尽量减少由于疏干降水引起的地表沉降以及降水对周边建(构)筑物的不利影响。控制降水引起地面沉降,避免产生较大差异沉降;控制降水对基坑底土体变形的影响,减少在基坑内梁、柱等围护、支护结构体内产生的附加应力。提高基坑的安全、可靠性,提高被动土的强度和刚度,减小围护结构的变形。

施工时应当注意以下事项:对基坑内潜水应及时处理,控制地下水水位在每层土开挖面以下 1.0 m,布置真空疏干深井,为基坑开挖作业提供良好的作业环境。基坑内江滩土厚度较大,在坑内进行真空疏干降水时,建议一台真空泵配置 3~4 口真空疏干深井。鉴于长时间抽降水使得内外的水头压差较大,对围护结构的质量将是极大考验,基坑开挖过程中要监测地下水水位变化,在基坑外侧布置水位观测兼应急回灌井。基坑西侧为南浦大桥浦西引桥段,边线距离桥段最小距离约为 11.0 m,基坑西侧按照每间隔 10 m 布置一口基坑外观测兼应急回灌井,根据基坑外回灌井的水位变化情况,视情况开启基坑外西侧应急回灌井。基坑北侧环境要求高,基坑北侧按照间隔 10 m 布置基坑外观测兼应急回灌井,人为抬升地下水位,保持基坑外水土平衡状态,减缓沉降变形。

5.4.3　降水组织

1. 降水试运行

在开始降水运行前,测定地下水静止水位,准备好抽水设备、电缆及排水管并完成生产性抽水试验,验证降水效果,检验排水系统是否通畅。抽出来的水应排入场外市政管网中,以防抽出的水就地回渗,影响降水效果。同时验证电路系统是否正常,对电箱和电缆线等设备进行检查,确保降水持续进行。

2. 真空疏干深井运行

真空疏干深井降水应在基坑开挖前 15～30 天或更早运行,以保证有效降低开挖土体中的含水量,确保基坑开挖施工的顺利进行。并根据要求加载真空负压,以疏干基坑上部开挖土体,开挖过程中保持持续抽水,进一步疏干上部土体。对有部分真空疏干深井设置在栈桥下面的,在栈桥施工前,应首先把送气与排水管路在井内放置好,井口高度应低于栈桥底面,盖上井盖后再用泥巴密封好,防止栈桥混凝土与井盖浇筑在一起,同时把气管和出水管引出栈桥与抽水系统连接。根据开挖进度,井内水位应控制在基坑开挖面以下一定深度内,在真空疏干深井正式抽水前,监测单位应及早施工基坑外潜水水位观测孔。潜水水位观测孔施工完成后应及时开启真空疏干深井进行疏干降水。正常情况下,真空疏干深井基本保持 24 h 连续抽水,若出现降水异常时,根据需要进行调整。

5.4.4　回灌井

本工程基坑北侧距离地铁 4 号线隧道区间约 32 m,西侧与桥墩 W11-1 距离为 11.0 m。环境保护要求较高,基坑地下连续墙虽已隔断潜水层,但在坑内长期疏干降水时,对周边的影响难以避免,因此,需要通过在基坑外北侧(邻近地铁 4 号线隧道)、西侧(南浦大桥浦西引桥段)布设间距较密的回灌井。

1. 原位回灌井主要目的

(1) 基坑外水位下降时可以通过回灌井对基坑外水位进行控制,防止水位下降量过大引起周边环境不利沉降。

(2) 开启回灌井运行,保持基坑外水土平衡状态,减缓沉降变形。

2. 回灌井调试

(1) 回灌井施工结束至开始回灌,回灌井休止期应不小于 14 天。休止期过后,进行回灌系统调试,调试结束后编制并确定不同施工工况下的降水与回灌运行控制要求。

(2) 回灌井运行调试至少应包括:抽水泵泵型的选择调试、各管路尺寸的合理性调试、各监测设备的完备性检验、降水与回灌协同性调试。

(3) 回灌井运行调试期间,应根据要求调整不同工况下各回灌井的回灌量,应根据水位抬升要求采用回灌量调节装置控制不同工况下回灌井的回灌量。

（4）对运行管路应进行管路规格和流量匹配性调试，主要调试管路包括抽水井至水质处理系统管路、至回灌井管路、回灌井的回扬管路。

（5）调试期间应记录基坑位置降水观测井水位、出水量、受保护建（构）筑物区域观测井水位、回灌量及其他应记录的情况。

3. 回灌井运行

基坑回灌采用常压自动控制回灌井装置，即确保回灌井内水头始终处于初始水位位置，一旦地下水位下降，回灌井装置便立刻启动，对其进行回灌补水，确保其内水头稳定。正式运行回灌需要做好以下几方面的工作：

（1）回灌前所有回灌井自动回灌控制系统应进行联调联试，确保无异常后方可进行正式回灌，作业过程中工作人员应对回灌系统进行巡视维护。

（2）回灌运行需要 24 h 派人值班，并做好回灌记录，记录内容包括回灌井灌水量 Q 和观测井水头抬升 S，以掌握回灌动态，指导回灌运行达到最优。

（3）回灌施工过程中应针对每口回灌井做好流量计量，采用安装流量计的方法，需要观测记录人员准确详细地记录变化情况。

4. 备用设备

在回灌运行过程中，如果发现某一个或几个回灌井不能保持运行，现场管理人员立即组织人员进行回灌系统检查，确保第一时间使回灌井运行恢复正常，单个回灌井中断回灌时间不得超过 1 h，多个回灌系统终端回灌时间不得超过 30 min。

（1）回灌系统管理。回灌后回灌井内会产生一定量气泡，大量气泡聚集在滤管周围会阻止回灌水进入含水层中，因此必须定期对回灌井进行回扬冲洗。回灌正式运行前应根据设计要求及降水验证结果在回灌管井内安装回扬水泵；回扬水泵的额定流量应与单井回灌量相当，额定扬程应满足现场回扬排水的需求。回灌过程中应回扬排出回灌管井滤管部位的气泡、杂质等，每天应至少回扬 1 次，每次回扬时间应在 20～30 min。

（2）回灌时，要求排除井内空气，防止产生气泡阻挡回灌水，要求在井口盖板上安装排气阀，当排气阀大量出水后，才可以关闭排气阀。

（3）回灌系统布设完成后应试运行检验，验收合格后方可正式回灌。

（4）回灌水源不应污染地下水，本工程优先采用自来水作为回灌水源，如自来水不能满足涌水要求后，可采用降水井抽排同源地下水并经过滤处理后作为回灌水源。回灌水源中铁离子含量不应大于 0.3 mg/L，锰离子含量不应大于 0.1 mg/L。

（5）回灌期间应同时观测及记录降水区和回灌区观测井水位抬升情况，并应根据观测井水位变化、周边环境变形监测的结果，按照"回灌合理化"的原则动态调整抽灌一体工况，保持抽灌平衡。

（6）施工场区外的回灌管井、回灌系统等应做隐蔽保护。

5. 回灌监测与管理

回灌水量应根据实际水位的变化及时调节，保持抽灌平衡。既要防治回灌导致基坑外水位大幅抬升，以至超过初始水位。也要防止回灌水量过大，从而渗入基坑内，对基坑降水造成不利影响。还要防止回灌量过小使地下水位失控影响回灌效果。回灌过程需要每天观测回灌井周边水位观测井变化情况，同时要准确、及时记录回灌水量、基坑抽水量的变化情况，每天对记录数据进行分析整理，及时掌握回灌运行情况，并根据需要做出适当调整。此外，回灌期间施工单位应加强回灌区域地表沉降监测，并加强对建筑物及周边管线的沉降监测，监测数据应及时反馈给降水部门，降水单位必须结合基坑周边环境变化情况，针对不利情况的出现调整基坑降水和地下水回灌，保证基坑施工安全。

5.5　土方开挖

基坑开挖基本深度为 11 m，局部挖深为 11.3 m 和 12.4 m，不同挖深分布示意如图 5.12 所示。

土体分三层进行开挖，自上而下每层分为 3、4 和 3 个区域，如图 5.13 所示。

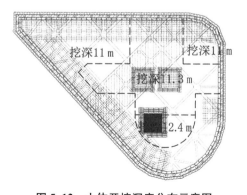

图 5.12　土体开挖深度分布示意图

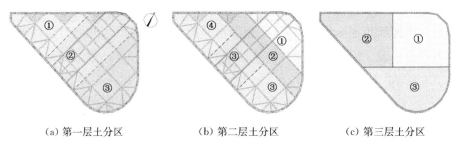

(a) 第一层土分区　　　　　(b) 第二层土分区　　　　　(c) 第三层土分区

图 5.13　土层分区开挖示意图

地下结构采用边挖边撑的方法构筑,土体分层分区开挖流程如图 5.14 所示。

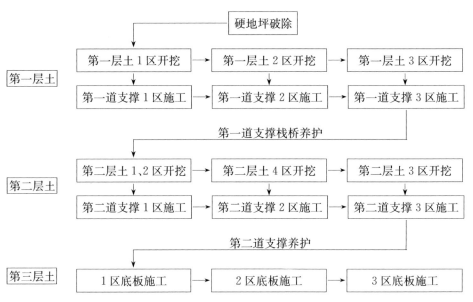

图 5.14　土体分层分区开挖流程

6 基坑开挖监测

基坑南侧紧邻南浦大桥浦西引桥段,靠近桥墩 W10 及 W11。基坑开挖边线距离桥墩 W10 最近距离为 12.3 m,距离桥墩 W11 距离为 11.0 m。

1. 监测项目

项目施工过程中对基坑变形和周边环境进行详尽监测,监测项目包括周边地下管线变形(17 个燃气管线监测点,22 个电力电缆管线监测点,11 个污水管线监测点,4 个信息管线监测点,5 个供水管线监测点,共计 59 个监测点位);周边建筑物沉降监测点有 20 个监测点位;坑外地表沉降监测点有 35 个监测点位;坑外水位监测点有 9 个监测点位;基坑墙体测斜有 16 个监测点位;支撑轴力有 64 个监测点位。具体布置位置如图 6.1、图 6.2 所示。

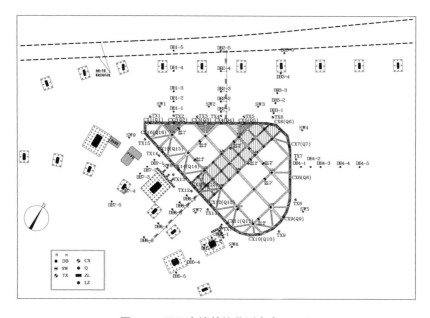

图 6.1 环卫大楼基坑监测布点平面图

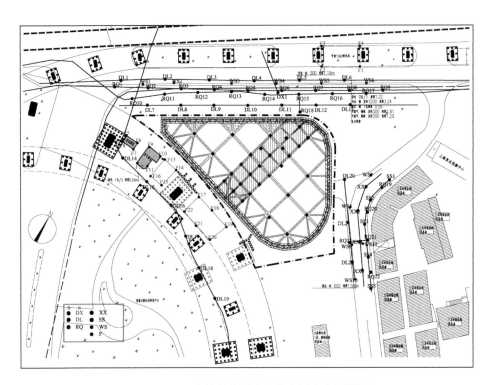

图 6.2　环卫大楼基坑周边管线监测布点平面图

监测频率按照表 6.1 设置,监测项目的预警值按照表 6.2 和表 6.3 设置。

表 6.1　基坑施工阶段监测频率表

监测内容	监测频率				
	基坑降水	开挖至底板浇筑	底板结束之后		
			底板完成	拆撑	其他
管线	1次/2天	1次/天	1次/3天	1次/天	1次/3天
地表沉降	1次/2天	1次/天	1次/3天	1次/天	1次/3天
地下水位	1次/天	1次/天	1次/3天	1次/天	1次/3天
墙体测斜	1次/2天	1次/天	1次/3天	1次/天	1次/3天
支撑轴力	1次/2天	1次/天	1次/3天	1次/天	1次/3天
深层沉降	1次/2天	1次/天	1次/3天	1次/天	1次/3天

表 6.2 报警值统计表

序号	监测内容		变化速率/(mm·d^{-1})	累计报警值/mm
1	地下管线变形		3	10
2	地表沉降	环境一级	5	15
		环境二级	5	25
3	地下水位		300	1 000
4	墙体测斜	环境一级	3	20
		环境二级	3	30
5	支撑轴力		构件承载力的80%、详见表5.3	
6	深层土体位移	环境一级	3	20
		环境二级	3	30

表 6.3 支撑轴力监测报警值统计表

监测编号	报警值/kN	监测编号	报警值/kN
ZL1-1	6 400	ZL2-1	8 000
ZL1-2	8 000	ZL2-2	9 600
ZL1-3	9 600	ZL2-3	8 000
ZL1-4	9 600	ZL2-4	8 000
ZL1-5	6 400	ZL2-5	8 000
ZL1-6	8 000	ZL2-6	9 600
ZL1-7	6 400	ZL2-7	8 000
ZL1-8	6 400	ZL2-8	8 000

2. 施工工况

项目施工监测工作自 2021 年 12 月 20 日至 2023 年 5 月 14 日,历时近 17 个月,实际监测工作量为:周边管线变形监测共 291 次,建筑物竖向位移监测共 291 次,地表竖向位移观测 229 次,基坑外水位观测 181 次,墙体测斜孔观测 180 次,土体测斜孔观测 180 次,第一道支撑轴力观测 139 次,第二道支撑轴力观测 71 次,围护墙顶观测 180 次,支撑立柱隆沉观测 139 次。基础工程关键施工节点及对应的时间如表 6.4 所示。

表 6.4　基础工程关键施工节点及对应的时间

序号	施工节点	施工日期
1	桩基施工（南浦大桥隔离及环卫大楼工程桩）	2021/12/20—2022/03/30
	疫情停工	
2	搅拌桩止水帷幕施工	2022/06/18—2022/08/10
3	基坑内加固施工	2022/06/19—2022/06/28
4	地下连续墙施工	2022/08/31—2022/09/12
5	挖第一层土及架设第一道支撑完成	2022/09/01—2022/10/01
6	挖第二层土及架设第二道支撑完成	2022/10/14—2022/10/31
7	挖第三层土完成	2022/11/14—2022/11/26
8	底板施工	2022/12/19
9	拆第二道支撑完成	2023/01/31—2023/02/07
10	拆第一道支撑完成	2023/03/14—2023/03/22
11	基坑工程施工完成	2023/04/22

6.1　变形监测

在变形监测过程中，按照以下原则设置水准监测网：在基坑施工影响范围以外、地层坚实稳定处布设 3 个基本水准点，为监测基本水准点的稳定性，每月对基本水准点与水准工作点进行联测，联测时按照国家二等精密水准测量的技术要求执行。每次联测工作完成后，利用闭合平差后的当次基本水准点高程调整前次的基本水准点高程。

按照以下原则设置水平位移监测网：水平控制点计划布设 4 个，控制区域为整个监测区，为使测距、测角误差在纵、横坐标上均匀分布，网形为闭合导线网，引测外方向为施工用平面控制网。点位设在稳定、安全的地方，且尽量采用固定观测墩，无条件布设固定观测墩时用划"十"字的测量道钉埋设。

6.1.1　地表沉降

1. 基坑外地表竖向位移监测

地表监测点直接布置在土层内。在设计位置处采用深埋点布设。竖向位移监测采用天宝 DINI03 电子水准仪及配套的线条式铟钢尺。竖向位移观测采用独立高程系统,每次水准观测形成闭合观测路线,以二等水准作为竖向变形观测的高程等级控制。观测时以基本水准点为起测点,在各监测点线路上布设一条二等水准闭合路线,以各线路水准点为依据直接进行各监测点的水准测量。单个监测点相邻两次的高程变化为本次竖向位移变化量,与初测高程的变化为累计竖向位移变化量。

2. 数据分析

本工程监测在基坑外地面上共布设 35 个地表监测点,编号 DB1-1～DB1-5;DB2-1～DB2-5;DB3-1～DB3-5;DB4-1～DB4-5;DB5-1～DB5-5;DB6-1～DB6-5;DB7-1～DB7-5。监测点布置见图 6.1。

基坑北侧的地表沉降监测点为 DB1 系列、DB2 系列以及 DB3 系列,图 6.3 绘制了基坑北侧地表沉降监测点在基坑开挖至基坑底时不同工况下的沉降变形。从图中可以看出,基坑外最大地表沉降发生的位置约为 1.5 倍的开挖深

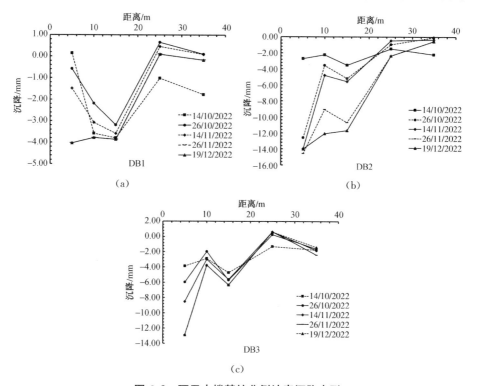

图 6.3 环卫大楼基坑北侧地表沉降变形

度,当距离基坑超过 2.5 倍的开挖深度时,地表沉降将会很小,对周边环境的影响可以忽略。当基坑开挖至基坑底时,基坑北侧最大沉降发生在 DB2 剖面上,为 12 mm。北侧基坑外地表监测点在开挖施工阶段竖向位移变化均呈下沉趋势,未有监测点累计变量超出报警值范围。此外,在开挖阶段北侧基坑外地表监测点的竖向位移呈现持续、缓慢地变化,未见突变情况发生。

基坑东侧建筑物少,东侧流经的黄浦江与基坑的距离大于 100 m。从图 6.4 中可以看出该侧基坑沉降分布规律不显著。基坑开挖引起的沉降在第三层开挖过程中增加较快。当与基坑距离超过 2.5 倍开挖深度时,基坑开挖引起的坑外地表沉降较小,对周边环境影响较小。当基坑开挖至基坑底时,DB 侧地表最大沉降约为 6 mm。东侧基坑外地表监测点在开挖施工阶段竖向位移变化均呈下沉趋势,未有监测点累计变量超出报警值范围。此外,在开挖阶段东侧坑外地表监测点的竖向位移呈现持续、缓慢变化,未见突变情况发生。

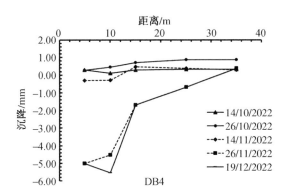

图 6.4　环卫大楼基坑东侧地表沉降变形

基坑西侧的地表沉降监测点为 DB5 系列、DB6 系列以及 DB7 系列,图 6.5 绘制了基坑西侧地表沉降监测点在基坑开挖至基坑底时不同工况下沉降变形。从图中可以看出,由于西侧基坑 DB5 剖面上沉降测点与南浦大桥匝道桥桥墩 W11-1 距离非常近,受桥墩变形阻隔效应的影响,DB5 剖面上测点所测到的沉降值显著较小,且有部分测点存在轻微隆起。从 DB6 和 DB7 剖面上的沉降测点可以看出,当基坑开挖至基坑底时,基坑开挖引起的西侧地表沉降最大值约为 14 mm,大于北侧和东侧基坑开挖引起的地表沉降最大值。与其他侧基坑开挖影响范围相同,大约在2.5倍开挖深度范围外,基坑开挖引起的地表沉降较小,对周边环境的影响很小。

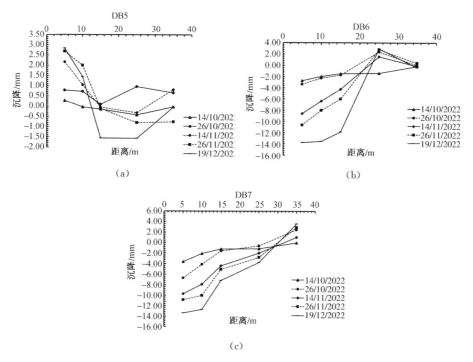

图6.5　环卫大楼基坑西侧地表沉降变形

6.1.2　深层土体位移

1. 基坑外深层土体位移监测

采用钻孔埋设。在埋设点上用GXY-1型百米钻机钻孔至超出同侧围护结构5 m深度,冲孔后逐段安放底部封闭的外径70 mm、内径59 mm PVC测斜管,接头处用自攻螺丝拧紧,并用胶布密封,安放过程中在测斜管内灌注清水以防止测斜管上浮。安放完毕后钻孔用膨润土回填,直至钻孔隙密实为止,最上部用混凝土封口并加定制盖保护。安放测斜管过程中应保证测斜管内的十字导槽必须有一组垂直于基坑边线。采用航天科工CX-08A型数显自动记录测斜仪。先以测斜孔底为起测基准,以0.5 m点距由下向上进行测试,到顶后探头旋转180°。再次以0.5 m点距由下向上进行测试(正反方向测试可消除仪器本身存在的系统误差),每次测试均用经纬仪测量测斜管口的偏移量,利用经纬仪测得的孔口位移进行测斜成果的修正,经计算处理产生数据报表及测斜曲线。施工过程中日常监测值与初始值的差为其累计水平位移量,本次值与前次值的差值为本次位移量。

2. 数据分析

(1) 基坑北侧的深层土体水平位移监测点为 TX1～TX6 系列(图 6.1),图 6.6 绘制了基坑北侧深层土体水平位移监测点在基坑开挖至基坑底时不同工况下的深层土体水平位移。从图中可以看出,基坑外深层土体水平位移发生的位置约为 1 倍的开挖深度。TX1 和 TX5 基坑外深层土体水平位移测点最大位移发生位置略大于基坑的 1 倍开挖深度。当基坑开挖至基坑底时,基坑北侧

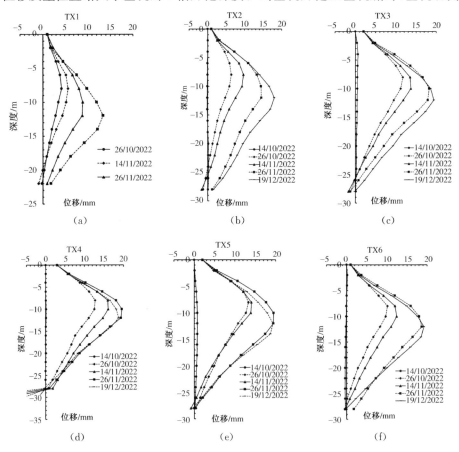

图 6.6　环卫大楼基坑北侧深层土体水平位移

最大深层土体位移发生在 TX6 剖面,约为 20 mm;基坑北侧 TX1 测点深层土体位移最小,约为 15 mm。

(2) 基坑东侧的深层土体水平位移监测点为 TX7～TX9 系列(图 6.1),图 6.7 绘制了基坑东侧深层土体水平位移监测点在基坑开挖至基坑底时不同工况下的深层土体水平位移。从图中可以看出,基坑外深层土体水平位移发生的位置约为 1.2 倍的开挖深度。当基坑开挖至基坑底时,TX7 和 TX8 基坑外最大深层土体水平位移测点最大位移发生最大,约为 27 mm。基坑开挖至基坑底时,基坑东侧 TX9 测点的最大深层土体位移最小,约为 19 mm。基坑东侧的坑外土体深层水平位移整体要高于基坑北侧坑外土体深层水平位移。

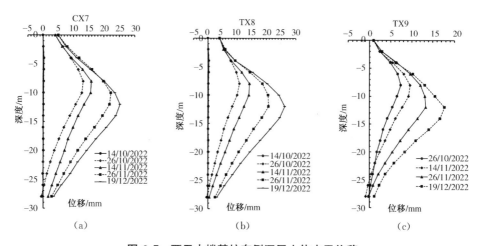

图 6.7 环卫大楼基坑东侧深层土体水平位移

(3) 基坑西侧的深层土体水平位移监测点为 TX10～TX15 系列(图 6.1),图 6.8 绘制了基坑西侧深层土体水平位移监测点在基坑开挖至基坑底时不同工况下的深层土体水平位移。从图中可以看出,基坑外深层土体水平位移发生的位置约为 1.2 倍的开挖深度。当基坑开挖至基坑底时,TX12 基坑外最大深层土体水平位移测点最大位移发生最大,约为 20 mm。当基坑开挖至基坑底时,基坑西侧 TX15 测点的最大深层土体位移最小,约为 14 mm。基坑西侧的坑外土体深层水平位移整体要小于基坑北侧基坑外土体深层水平位移,基坑东侧的基坑外土体深层水平位移整体最高。

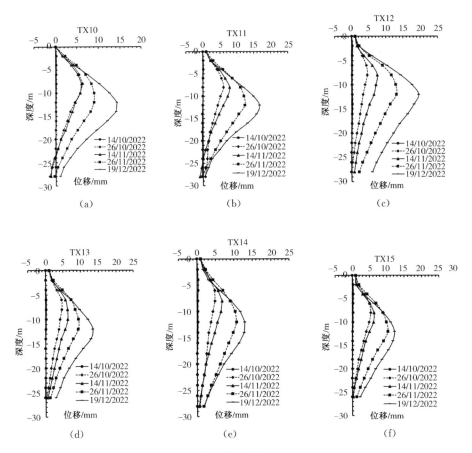

图 6.8 环卫大楼基坑西侧深层土体水平位移

（4）从坑外土体深层水平位移在施工过程中的发展来看，在基坑开挖施工期间，深层土体水平位移监测孔均呈现向基坑内侧位移。土方开挖后的 2～3 天内，监测孔向基坑内侧位移量增大，随后监测孔向基坑内侧的位移增幅趋缓，当底板完成后监测孔位移量趋于稳定。围护墙体测斜监测孔变形速度最大值均出现在第三层土方开挖施工阶段。

6.1.3 墙体测斜

1. 围护结构水平位移监测

墙体测斜的装置埋设和测量方法同监测点 TX 系列。

2. 数据分析

（1）基坑北侧的墙体水平位移监测点为 CX1～CX6 系列（图 6.1），图 6.9 绘制了基坑北侧墙体水平位移监测点在基坑开挖至基坑底时不同工况下的墙体水平位移。从图中可以看出，墙体最大水平位移发生的位置约为 1.2 倍的开挖深度，与基坑外深层土体水平位移相一致。CX2 和 CX3 基坑外墙体水平位移测点最大位移发生位置略大于基坑的 1 倍开挖深度。开挖至基坑底时，基坑北侧最大墙体水平位移发生在 CX4 和 CX5 剖面，约为 31 mm；基坑北侧 CX1 测点的墙体水平位移最小，约为 14 mm。

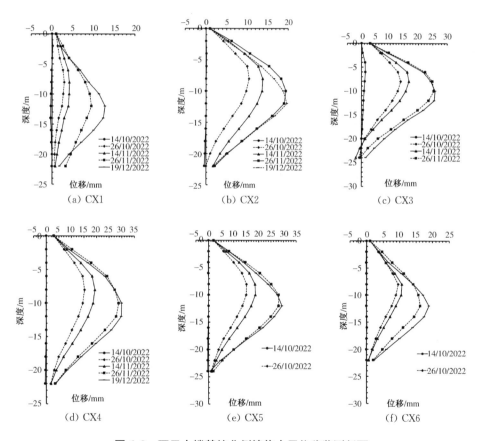

图 6.9　环卫大楼基坑北侧墙体水平位移监测剖面

（2）基坑东侧的墙体水平位移监测点为 CX7～CX9 系列（图 6.1），图 6.10 绘制了基坑东侧墙体水平位移监测点在基坑开挖至基坑底时不同工况下的墙体水平位移。从图中可以看出,当基坑开挖至基坑底时,墙体最大水平位移发生的位置约为 1.2 倍的开挖深度,与基坑外深层土体水平位移相一致。开挖至基坑底时,基坑东侧最大墙体水平位移发生在 CX8 剖面,为 30 mm;基坑东侧 CX9 测点的墙体水平位移最小,约为 20 mm。

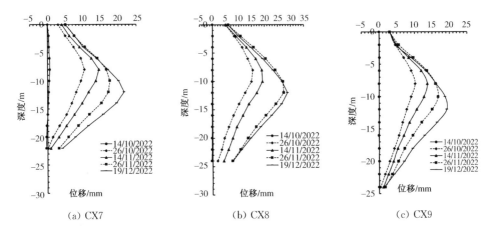

(a) CX7　　　　　　(b) CX8　　　　　　(c) CX9

图 6.10　环卫大楼基坑东侧墙体水平位移监测剖面

(3) 基坑西侧的墙体水平位移监测点为 CX10—CX16 系列(图 6.1),图 6.11 绘制了基坑西侧墙体水平位移监测点在基坑开挖至基坑底时不同工况下的墙体水平位移。从图中可以看出,当基坑开挖至基坑底时,墙体最大水平位移发生的位置约为 1.2 倍的开挖深度,与基坑外深层土体水平位移相一致。当基坑开挖至基坑底时,基坑东侧最大墙体水平位移发生在 CX15 剖面,为 22 mm;基坑东侧 CX16 测点的墙体水平位移最小,约为 17 mm。基坑西侧由于采取了隔离墙和基坑内加固的组合保护措施,比基坑东侧和北侧基坑开挖引起的墙体侧向位移更小。

(4) 与基坑开挖引起的基坑外土体深层水平位移相同,基坑开挖及地下室结构工程施工期间,围护墙体测斜监测孔均呈现向基坑内侧位移。土方开挖后的 2～3 天内,监测孔向基坑内侧位移量增大,随后监测孔向基坑内侧的位移幅度趋缓,当底板完成后监测孔位移量趋于稳定。围护墙体测斜监测孔变形速率最大值,均出现在第三层土方开挖施工阶段。

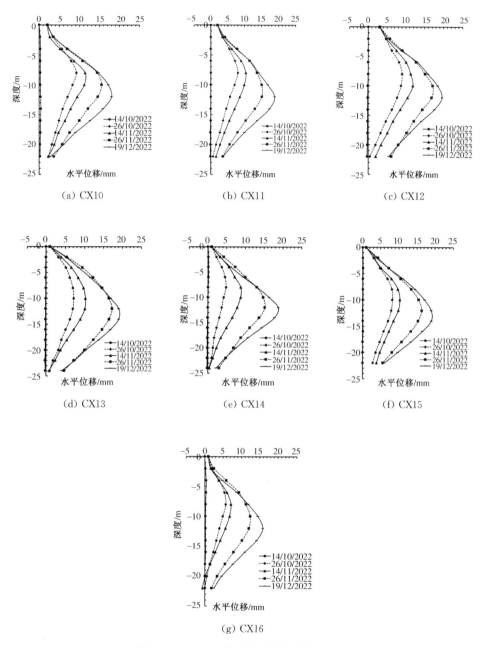

图 6.11 环卫大楼基坑西侧墙体水平位移

6.2 支撑轴力监测

1. 支撑轴力监测

钢筋混凝土支撑轴力监测采用钢弦式钢筋应力计。在设计位置处支撑四周中间位置的主筋两侧合适位置各焊接两段长为 10 cm 的 Φ12 螺纹钢,然后将钢筋应力计本体两侧的加长拉杆焊接在此两段螺纹钢上,钢筋混凝土支撑轴力计埋设焊接过程中用湿毛巾包裹在钢筋应力计本体的外侧并不断浇水以防止焊接产生的高温损坏钢筋应力计;在浇筑支撑混凝土的同时将钢筋应力计上的导线引出以方便今后测试时使用。采用 BP-32 型振弦测试仪。

2. 数据分析

本工程第一道钢筋混凝土支撑内共布设了 8 组支撑轴力监测点,钢筋混凝土支撑监测编号 ZL1-1～ZL1-8。第二道钢筋混凝土支撑内共布设了 8 组支撑轴力监测点,其编号 ZL2-1～ZL2-8。图 6.12 绘制了 7 组基坑开挖过程中第一道支撑轴力随时间的发展曲线。

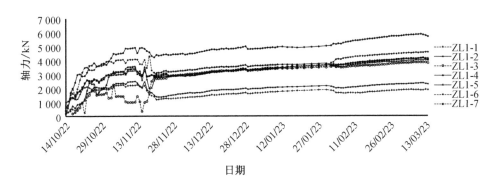

图 6.12 环卫大楼基坑第一道支撑轴力监测

从图 6.12 可以看出,对于 ZL1-1 支撑测点,支撑轴力监测点所在杆件下的土体被开挖后,支撑轴力呈现持续增大趋势,土体开挖完成后支撑轴力增大趋势变缓并趋于稳定。

对于 ZL1-2 支撑测点,支撑轴力监测点所在杆件下的土体被开挖后,支撑轴力呈现持续增大趋势,土体开挖完成后支撑轴力增大趋势变缓并趋于稳定。

对于 ZL1-3 支撑测点,支撑轴力监测点所在杆件下的土体被开挖后,支撑轴力呈现持续增大趋势,土体开挖完成后支撑轴力增大趋势变缓并趋于稳定。

对于 ZL1-4 支撑测点,支撑轴力监测点所在杆件下的土体被开挖后,支撑轴力呈现持续增大趋势,土体开挖完成后支撑轴力增大趋势变缓并趋于稳定。

对于 ZL1-5 支撑测点,支撑轴力监测点所在杆件下的土体被开挖后,支撑轴力呈现持续增大趋势,土体开挖完成后支撑轴力增大趋势变缓并趋于稳定。

对于 ZL1-6 支撑测点,支撑轴力监测点所在杆件下的土体被开挖后,支撑轴力呈现持续增大趋势,土体开挖完成后支撑轴力增大趋势变缓并趋于稳定。

对于 ZL1-7 支撑测点,支撑轴力监测点所在杆件下的土体被开挖后,支撑轴力呈现持续增大趋势,土体开挖完成后支撑轴力增大趋势变缓并趋于稳定。

对于 ZL1-8 支撑测点,支撑轴力监测点所在杆件下的土体被开挖后,支撑轴力呈现持续增大趋势,土体开挖完成后支撑轴力增大趋势变缓并趋于稳定。轴力变化范围在 628～4 043 kN 之间(ZL1-8 图中没有给出)。

图 6.13 绘制了基坑开挖过程中第二道支撑轴力随时间的发展曲线。从图中可以看出,对于 ZL2-1 支撑测点,支撑轴力监测点所在杆件下的土体被开挖后,支撑轴力呈现持续增大趋势,土体开挖完成后支撑轴力增大趋势变缓并趋于稳定。

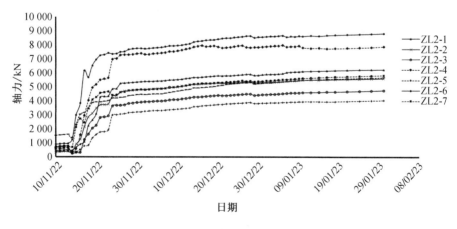

图 6.13　环卫大楼基坑第二道支撑轴力监测

对于 ZL2-2 支撑测点,支撑轴力监测点所在杆件下的土体被开挖后,支撑轴力呈现持续增大趋势,土体开挖完成后支撑轴力增大趋势变缓并趋于稳定。

对于 ZL2-3 支撑测点,支撑轴力监测点所在杆件下的土体被开挖后,支撑轴力呈现持续增大趋势,土体开挖完成后支撑轴力增大趋势变缓并趋于稳定。

对于 ZL2-4 支撑测点,支撑轴力监测点所在杆件下的土体被开挖后,支撑轴力呈现持续增大趋势,土体开挖完成后支撑轴力增大趋势变缓并趋于稳定。

对于 ZL2-5 支撑测点,支撑轴力监测点所在杆件下的土体被开挖后,支撑轴力呈现持续增大趋势,土体开挖完成后支撑轴力增大趋势变缓并趋于稳定。

对于 ZL2-6 支撑测点,支撑轴力监测点所在杆件下的土体被开挖后,支撑轴力呈现持续增大趋势,土体开挖完成后支撑轴力增大趋势变缓并趋于稳定。

对于 ZL2-7 支撑测点,支撑轴力监测点所在杆件下的土体被开挖后,支撑轴力呈现持续增大趋势,土体开挖完成后支撑轴力增大趋势变缓并趋于稳定。

对于 ZL2-8 支撑测点,支撑轴力监测点所在杆件下的土体被开挖后,支撑轴力呈现持续增大趋势,土体开挖完成后支撑轴力增大趋势变缓并趋于稳定。轴力变化范围在 $1\,548 \sim 5\,672$ kN 之间(ZL2-8 图中没有给出)。

6.3 地下水位监测

1. 地下水位监测

采用钻机钻孔埋设。在设计监测位置处用 GXY-1 型百米钻机钻孔至 10 m 深度,冲孔后放入 PVC 水位管,$-2 \sim -8$ m 处安装滤水管并在其外侧用滤网包裹,回填透水管段时用中粗砂回填,其余处用黏土回填至密实,最上部用混凝土封口,以免地表水渗入影响观测。采用 SWJ-8090 型水位计,精度 ± 3.0 mm。在基坑降水前,测得各水位监测孔内水位对应于孔口的距离为水位初始值,以后每次测得孔内水位距水位监测孔孔口高度与初始水位值比较即为水位累计变量,前后两次的观测变化量即为当次变化量。

2. 数据分析

本工程基坑外土体内布设 9 个地下水位监测孔,其中基坑外水位监测孔编号为 SW1～SW9。

基坑水位监测点 SW1—SW3 对应图中 10 m、20 m、30 m 处的监测结果。图 6.14 绘制了环卫大楼基坑水位监测图(1)。从图中可以看出,SW1 测点在基坑开挖观测期间,基坑外地下水位变化基本呈现下降趋势,但变化曲线平稳,地下水位在 −130～180 mm 之间变化。SW2 测点在开挖观测期间,基坑外地下水位变化曲线平稳,地下水位在 −160～40 mm 之间变化。SW3 测点在观测期间,坑外地下水位变化平稳,地下水位在 −200～0 mm 间变化。

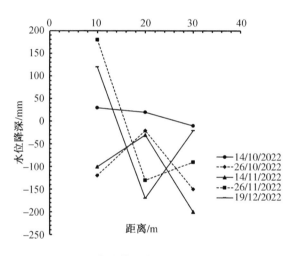

图 6.14 环卫大楼基坑水位监测(SW1～SW3)(1)

基坑水位监测点 SW4～SW6 对应图中 10 m、20 m、30 m 处的监测结果,图 6.15 绘制了环卫大楼基坑水位监测图(2)。从图中可以看出,SW4 测点在开挖观测期间,基坑外地下水位变化基本呈现下降,地下水位在 −100～300 mm 之间变化。SW5 测点在开挖观测期间,基坑外地下水位变化基本呈现下降,地下水位在 −200～450 mm 之间变化。SW6 测点在开挖观测期间,基坑外地下水位变化基本呈现下降,地下水位在 −400～−0 mm 之间变化。

基坑水位监测点 SW7～SW9 对应图中 10 m、20 m、30 m 处的监测结果,

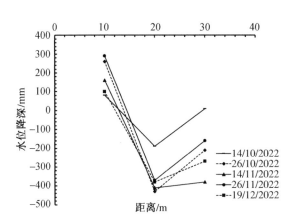

图 6.15　环卫大楼基坑水位监测(SW4～SW6)(2)

图 6.16 绘制了环卫大楼基坑水位监测图(3)。从图中可以看出,SW7 测点在开挖观测期间,基坑外地下水位变化基本呈现下降趋势,地下水位在－520～－160 mm 之间变化。SW8 测点在开挖观测期间,基坑外地下水位变化基本呈现下降,地下水位在－160～－120 mm 之间变化。SW9 测点在开挖观测期间,基坑外地下水位变化基本呈现下降,地下水位在－720～－160 mm 间变化。

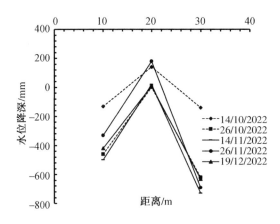

图 6.16　环卫大楼基坑水位监测(SW7～SW9)(3)

综上所述,本项目坑外地下水位监测孔在基坑开挖前期的水位变化较为平稳。在开挖中期,水位变化呈现出下降态势;底板混凝土浇筑完成后水位监测数据趋于稳定。在监测过程中未发现异常变化,整个观测期间未发生围护墙渗漏等现象,基坑围护止水帷幕效果较为良好。

6.4 地下管线监测

1. 周边地下管线(竖向、水平)位移监测

因本基地现场环境及政府有关部门规定限制,地下管线监测点的埋设除能利用原有管线地面设备标志外采用模拟点法及间接点法。模拟点法即在地下管线相应上方开挖约 40 cm 深样洞,将顶面刻画"+"的钢筋埋入其中,并用混凝土将其固定;间接点法即在地下管线相应上方将顶面刻画"+"的道钉打入道路接缝处。竖向位移监测采用天宝 DINI03 电子水准仪及配套的线条式钢钢尺。平面位移监测采用徕卡 TS02plus2″全站仪。水平位移观测采用视准线法观测。

2. 数据分析

本次监测在地下管线上布设 59 个(竖向、水平)位移监测点,编号分别为:DL1~DL22(电力管线)、RQ1~RQ17(燃气管线)、WS1~WS11(污水管线)、SS1~SS5(供水管线)、XX1~XX4(信息管线)。

设置电力管线 DL1~DL22 监测点,图 6.17 绘制了电力管线 DL1~DL19 中部分监测点数据随施工过程的发展曲线。从图中可看出,电力管线在开挖观测期间,管线竖向位移变化整体发生向下位移,并且在施工完成后,大多数电力管线的最大累计沉降均小于 10 mm,在监测报警值以内。

项目设置燃气管线 RQ1~RQ17 监测点,图 6.18 绘制了燃气管线 RQ1~RQ15 中部分监测点数据随施工过程的发展曲线。从图中可看出,燃气管线在开挖观测期间,管线竖向位移变化整体发生向下位移,并且在施工完成后,大多数燃气管线的最大累计沉降均小于 10 mm,在监测报警值以内。

项目设置污水管线 WS1~WS11 监测点,图 6.19 绘制了污水管线 WS1~WS9 监测点数据随施工过程的发展曲线。从图中可看出,污水管线在开挖观测期间,管线竖向位移变化整体发生向下位移,并且在施工完成后,大多数污水管线的最大累计沉降均小于 10 mm,在监测报警值以内。

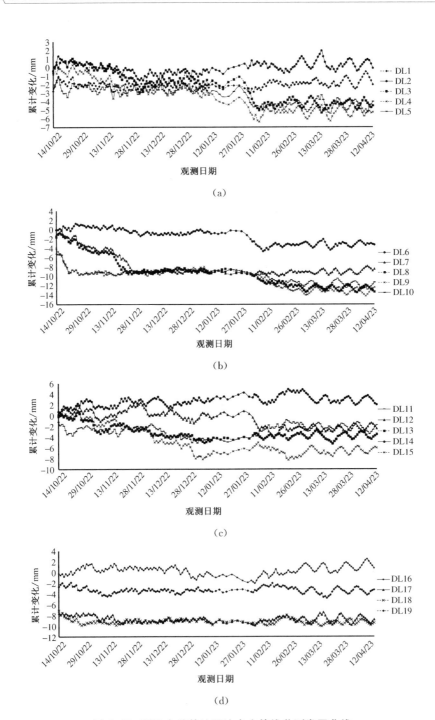

图6.17 环卫大楼基坑周边电力管线监测发展曲线

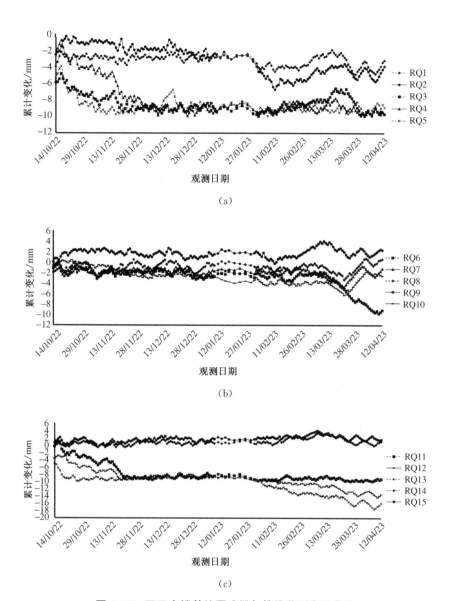

（a）

（b）

（c）

图6.18　环卫大楼基坑周边燃气管线监测发展曲线

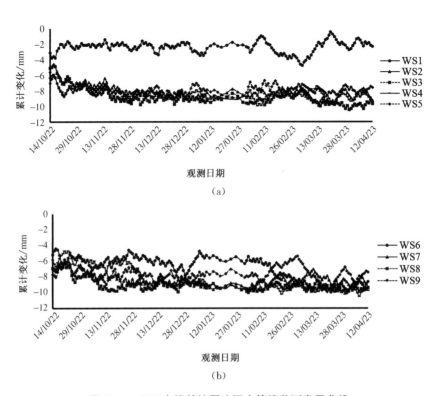

（a）

（b）

图 6.19　环卫大楼基坑周边污水管线监测发展曲线

项目设置供水管线 SS1～SS5 监测点，图 6.20 绘制了供水管线 SS1～SS4 监测点数据随施工过程的发展曲线。从图中可看出，供水管线在开挖观测期间，管线竖向位移变化整体发生向下位移，并且在施工完成后，大多数供水管线的最大累计沉降均小于 10 mm，在监测报警值以内。

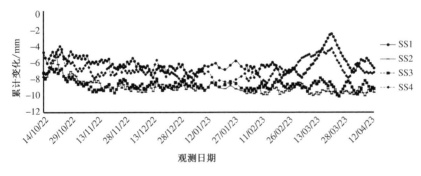

图 6.20　环卫大楼基坑周边供水管线监测发展曲线

项目设置信息管线 XX1～XX4 监测点,图 6.21 绘制了信息管线 XX1～XX4 监测点数据随施工过程的发展曲线。从图中可以看出,信息管线在开挖观测期间,管线竖向位移变化整体发生向下位移,并且在施工完成后,大多数信息管线的最大累计沉降均小于 10 mm,在监测报警值以内。

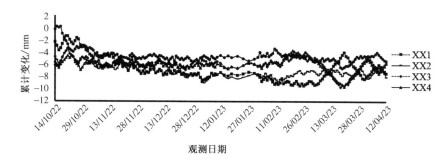

图 6.21　环卫大楼基坑周边信息管线监测发展曲线

地下管线监测点在开挖施工阶段竖向位移变化均呈现下沉,有部分监测点累计变化量超出报警值范围。开挖施工阶段,地下管线监测点的竖向变化呈现持续、缓慢地变化,未见突变情况发生。

6.5　监测数据总体分析与小结

自 2016 年 6 月同济大学建筑设计院(集团)有限公司着手设计环卫大楼始,项目监测与桥墩保护方案被经多次修改并经过多方专家论证,于 2019 年 7 月通过专家评审,环卫大楼设计进入施工图阶段,并于 2021 年 3 月完成。上海建工四建集团有限公司于 2021 年 12 月 20 日开始施工,于 2023 年 4 月 23 日完成地下结构施工(2022 年 4 月至 6 月中旬停工)。期间测试数据与理论分析结果基本一致,但由于理论分析没有考虑降水施工对周边环境产生的影响,也没有考虑南浦大桥地质情况与环卫大楼的不同,施加的荷载与现场实际情况也有所不同,计算结果存在一些差异。

6.5.1　地表沉降

监测数据表明,基坑西侧的地表沉降大于基坑北侧和东侧的。竖向加墙的

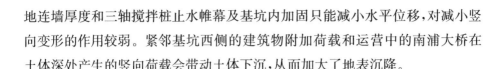

地连墙厚度和三轴搅拌桩止水帷幕及基坑内加固只能减小水平位移,对减小竖向变形的作用较弱。紧邻基坑西侧的建筑物附加荷载和运营中的南浦大桥在土体深处产生的竖向荷载会带动土体下沉,从而加大了地表沉降。

6.5.2 桥墩位移

桥墩承台竖向变形和水平位移均小于相邻地表沉降观测点、紧邻墙体测斜和土体测斜的数值。桥墩(W10 和 W11)自身的桩基础有效地减少了紧邻施工对竖向变形的干扰,本项目中桥墩的钻孔灌注桩隔离起到了阻断水平位移的作用。

6.5.3 地下连续墙水平位移

地下连续墙墙顶水平位移和墙体水平位移,表现出与大多数基坑相同的规律,即端部测点的水平位移小于中间测点的,体现了端部空间效应。

基坑西侧水平位移小于基坑北侧的和东侧的,表明西侧地下连续墙厚度1 000 mm,相较于北侧和东侧地下连续墙 800 mm 厚,发挥了较好的抵抗水平位移的作用。

关键词索引

地表沉降　16,17,25,27,38,39,42,43,46-50,52,53,67,70,73,74,80-83,85,
　94,130,133,136,137,139-141,157,158

地下管线　14-16,95,123,135,137,153,157

地下连续墙　5,14,17,56,58,62,86-90,98,102,103,112,114,119-126,131,
　138,158

地下水位　12,88,110,130,132,133,136,137,150-153

隔离桩　13,28-45,54,59,70-80,82,112,114-116

HSS 模型　61,162

网格划分　20,63,64,95,96,98

混凝土支撑　5,17,19,25,56,86,87,91,92,94,95,103,109,148

基坑设计　5,13,87,95

降水　12,19,20,59,88,89,91,95,110,111,129-133,136,137,151,157

搅拌桩　5,14,18,29,38,44,58,59,88-91,95,112,127,128,138,157

桥墩　1,3,8,9,13,15,55-58,67,69,70,74,75,77-79,87,92-95,112,114-
　116,129,131,135,141,158

桥墩保护　55,57-59,61,63,65,67,69,71,73,75-77,79,81,83,85,95,157

裙边加固　5,18,44-54,59,70,71,73-76,79-83,85,87,127

钢筋笼　92,93,118-121,123,124,126-128

数值模拟　13,17,20-23,25,27,29,31,33,35,37,39,41,43,45,47,49,51,53,
　60,71,86

用地红线　3,7

组合加固　59,73,74,82,83

参 考 文 献

［1］Brinkgreve R B J，Broere W. Plaxis material models manual［M］．Netherlands：［s.
n.］，2006.

［2］Huang X，Schweiger H F，Huang H W. Influence of deep excavations on nearby existing
tunnels［J］．International Journal of Geomechanics，ASCE，2013，13(2)：170-180.

［3］周恩平.考虑小应变的硬化土本构模型在基坑变形分析中的应用［D］.哈尔滨：哈尔滨
工业大学，2010.

［4］尹骥. 小应变硬化土模型在上海地区深基坑工程中的应用［J］. 岩土工程学报，2010，
32(增1)：166-172.

［5］王卫东，王浩然，徐中华.基坑开挖数值分析中土体硬化模型参数的试验研究［J］. 岩
土力学，2012,33(8)：2283-2290.

［6］王卫东，王浩然，徐中华. 上海地区基坑开挖数值分析中土体 HS－Small 模型参数的
研究［J］. 岩土力学，2013,34(6)：1766-1774.

［7］王浩然. 上海软土地区深基坑变形与环境影响预测方法研究［D］. 上海：同济大
学，2012.

［8］梁发云，贾亚杰，丁钰津，等. 上海地区软土 HSS 模型参数的试验研究［J］. 岩土工程
学报，2017,39(2)：269-278.

［9］张骁，肖军华，农兴中，等. 基于 HS-Small 模型的基坑近接桥桩开挖变形影响区研究
［J］.岩土力学，2018,39(增2)：263-273.

［10］Burland J B，Potts D M，Franzius J N. The response of surface structures to tunnel
construction［J］．Proceedings of the Institution of Civil Engineers-Geotechnical
Engineering，2006,159(1)：3-17.

［11］郑刚,朱合华,杨光华,等.基坑工程与地下工程安全及环境影响控制［C］.中国土木工
程学会分会第十二届土力学及岩土工程学术会议(7月10日至12日).上海,2015.

［12］于品.基坑开挖对邻近既有桥梁结构的影响研究［D］.上海：同济大学,2020.

主要参考资料

［1］上海浦江桥隧运营有限公司.南外滩环卫大楼新建项目施工对南浦大桥影响专项检测方案［R］.2020.8.18.

［2］上海市住房和城乡建设管理委员会科学技术委员会.南外滩环卫大楼新建工程基坑施工方案［R］.2020.7.14.

［3］上海市住房和城乡建设管理委员会科学技术委员会.南外滩环卫大楼新建工程基坑施工方案［R］.2019.10.12.

［4］上海建工四建集团有限公司.基坑施工组织设计［R］.2020.5.15.

［5］同济大学建筑设计研究院(集团)有限公司.南外滩环卫大楼新建工程基坑围护设计方案［R］.2019.9.18.

［6］上海建工四建集团有限公司.上海南外滩环卫大楼新建工程总施工组织设计［R］.2021.10.13.

后　记

南外滩环卫大楼新建工程的顺利完工，是各参建单位通力合作的结果。在项目实施过程中，我们不仅面对地质条件复杂、施工环境严苛等技术难题，还经历了疫情导致的施工停滞。然而，通过优化施工方案、严格控制质量和持续地监测，我们成功地克服了这些困难，确保了工程质量和施工安全。

该项目的成功实施，不仅为上海市增添了一座现代化的环卫大楼，也为城市建设积累了宝贵的施工经验。未来，我们将继续秉持科学严谨的工作态度，不断创新和优化施工技术，为城市建设贡献更多优质工程。

我们深感荣幸能够参与这个项目的建设，感谢所有参与项目的同事们的辛勤付出和无私奉献。我们也要感谢所有支持和关注这个项目的人们，是你们的支持和鼓励给予我们前进的动力。

我们希望本书能够为广大土木工程领域的专业人士提供有益的参考和启示。

在未来的日子里，我们将继续致力于提供优质的工程服务，为城市建设和环保事业作出更大的贡献。我们期待与您一起，共同创造一个更加美好的未来。

汤永净

2024 年 6 月 26 日